27762

ENCYCLOPÉDIE-RORET.

—

GALVANOPLASTIE

—

TOME SECOND.

AVIS

Le mérite des ouvrages de l'**Encyclopédie-Roret** leur a valu les honneurs de la traduction, de l'imitation et de la contrefaçon. Pour distinguer ce volume, il porte la signature de l'Éditeur, qui se réserve le droit de le faire traduire dans toutes les langues, et de poursuivre, en vertu des lois, décrets et traités internationaux, toutes contrefaçons et toutes traductions faites au mépris de ses droits.

Le dépôt légal de ce Manuel a été fait dans le cours du mois de mars 1873, et toutes les formalités prescrites par les traités ont été remplies dans les divers États avec lesquels la France a conclu des conventions-littéraires.

MANUELS-RORET

NOUVEAU MANUEL COMPLET

DE

GALVANOPLASTIE

OU

TRAITÉ PRATIQUE ET SIMPLIFIÉ

DES

MANIPULATIONS ÉLECTRO-CHIMIQUES

APPLIQUÉES

AUX ARTS ET A L'INDUSTRIE

PAR

M. BRANDELY AÎNÉ,

Ingénieur-Chimiste, Chevalier de la Légion-d'Honneur.

NOUVELLE ÉDITION ENTIÈREMENT REFONDUE

ET MISE AU NIVEAU DES CONNAISSANCES ACTUELLES.

OUVRAGE ORNÉ DE FIGURES.

TOME SECOND

PARIS

LIBRAIRIE ENCYCLOPÉDIQUE DE RORET

RUE HAUTEFEUILLE, 12

1873

ERRATUM.

Tome II, page 1re, titre du Chapitre, *au lieu de :*
CHAPITRE Ier, *lisez :* CHAPITRE VI.

NOUVEAU MANUEL COMPLET

DE

GALVANOPLASTIE

———

CHAPITRE PREMIER.

Dorure des Passementiers, procédé Brandely.

Sommaire. — § 1. Argent doré, cuivre doré, argenté. — 2. Description de l'appareil à dorer ou argenter les fils métalliques. — 3, 4. Choix des matières premières argent et cuivre. — 5 et 6. Dérochage du cuivre et de l'argent, décapage du cuivre. — 7. Mouvement des bobines chargées de fil. — 8. Emploi et rejet de la machine à gaz comme moteur pour l'étirage des fils dorés ou argentés. — 9. La vapeur est préférable. — 10. Le courant rendu constant par interposition d'un régulateur de l'électricité ; description de cet appareil. — 11. Explication du rôle qu'il joue. — 12. Appareil à tréfiler. — 13. Autre appareil pour les nᵒˢ les plus fins. — 14. Des filières en corindon et en diamant. — 15. Du faux (cuivre recouvert de laiton). — 16. Du platine employé en passementerie. — 17. Ancien procédé de dorure des Lyonnais. — 18. Dorure avec des feuilles d'or allié ; avantage de la dorure à la pile. — 19. Four pour la fabrication du faux à Lyon ; description du procédé du laitonnage. — 20. Tréfilerie parisienne. — 21. Imperméabilisation des textiles employés en passementerie. — 22. Emploi pour ce travail de l'appareil à dorer.

Dorure des passementiers, argent doré, cuivre doré, argenté, etc.

§ 1. Les passementiers donnent le nom de dorure aux fils d'argent et de cuivre revêtus d'une couche de métal précieux. Ils divisent leurs produits en deux catégories, le fin et le demi-fin ; ils en ont établi même une troisième sous le nom de faux, quoique en réalité ils eussent pu s'en tenir à celle de fin et de faux.

Le fin est l'argent employé tel quel ou doré.

Le mi-fin est le cuivre couvert d'or ou d'argent.

Enfin le faux est encore du cuivre blanchi ou recouvert de laiton pour imiter l'or à peu près comme un morceau de carafe taillé imite le diamant.

Tout ce que nous allons dire sur ce sujet constitue les diverses phases d'une de nos principales industries dont Lyon, la riche et grande cité aux cent milliers de bras si actifs, si industrieux, étonne le monde, est le siége principal.

Qu'on nous permette ici une digression qui prouve une fois de plus que le hasard est souvent un grand maître en fait d'innovation. En 1848, au mois de juin, époque néfaste où des Français, des frères, s'entr'égorgeaient faute de s'entendre, j'appartenais à une compagnie de la garde nationale en qualité de capitaine. Dans une des actions regrettables qui eurent lieu, j'eus une de mes épaulettes emportée, arrachée par une balle. Le plomb stupide y avait mis de la complaisance, quelques centimètres plus bas, j'avais l'épaule brisée et j'eusse perdu une idée. J'allai donc ramasser mon malheureux insigne, emporté à une dizaine de mètres dans un état pitoyable. Le dessus était en lambeaux, la tournante arrachée, lacérée. Ce fut cet accident qui me suggéra l'idée des épaulettes en métal. Cette idée s'empara de moi avec une telle puissance qu'après bien des essais, un mois après, je remplaçais mes épaulettes en passementerie par un ensemble en laiton, de même poids et identiquement de même dessin que celles d'ordonnance. J'argentai toutes ces pièces à forte épaisseur, et je fis monter les épaulettes par une passementière adroite qui leur adapta les franges.

Peu de temps après, un concours étant ouvert par la République afin de récompenser, par une petite somme d'argent, l'auteur du meilleur livre traitant de questions industrielles depuis l'avènement de ce gouvernement, conscient d'avoir fait quelque chose d'utile en écrivant le *Traité des manipulations électro-chimiques*, j'en adressai un exemplaire à M. Bussy, notre célèbre chimiste, président de la commission, en ajoutant à mon envoi un spécimen d'épaulette de général dont la broderie, ainsi que tout le corps en métal, était l'œuvre de la galvanoplastie.

M. Bussy me fit l'honneur de venir visiter mes travaux, me dit des choses très-agréables sur mon livre, et tout en me complimentant sur mon travail d'épaulettes, me fit observer qu'il n'était pas complet : « Et ceci, me dit-il, en prenant dans ses doigts quelques brins de la frange d'une épaulette d'officier. Il ne vous reste qu'à faire cela. » Je considérai cette observation du grand maître comme un ordre, et je me mis immédiatement à la besogne.

Chacun comprendra que je n'arrivai pas, *ex abrupto*, sans tâtonnements, à une production exempte de reproches d'un produit à l'étude duquel des circonstances particulières ne m'avaient jamais porté. La réussite absolue devait être le résultat d'une école difficile à faire loin du centre de ces opérations; car, indépendamment de la dorure, il y a la question de manipulations des fils après cette opération, l'étirage, le battage, la fabrication des filières, leur constante réparation, toutes choses faciles à se procurer ou à faire exécuter à Lyon, mais peu connues à Paris.

Je dois dire toutefois qu'appelé à Beaumont par M. Alphonse Lyon-Allemand, où ce marchand d'or et d'argent avait monté une tréfilerie de ces deux métaux, pour lui donner mon avis sur ce qu'il y avait à faire, afin de ramener à son état de ductilité une forte partie d'argent qui persistait à rester aigre et cassant, ne pouvant subir les opérations de la tréfilerie, je vis procéder au tirage, mais seulement sur de très-forts diamètres, sans avoir pénétré là où se faisaient les tirages en petits fils. Conséquemment je ne pus rien rapporter de mon séjour dans cet établissement. Au reste, cela se passait à une époque antérieure à 1848.

§ 2. J'imaginai d'abord un petit appareil longitudinal à une des extrémités duquel je plaçai une bobine en métal couverte de fil de cuivre de $\dfrac{50}{1000}$ millièmes de millimètre de diamètre. Cette bobine correspondait avec le pôle zinc d'un faible élément. En avant de la bobine était engagée dans la table de l'appareil une petite cocotte en fonte émaillée contenant une faible dissolution de cyanure de potassium maintenue à la température de 40 à 45° par une lampe à alcool. En avant de cette cocotte s'en trouvait une seconde placée dans la même condition et contenant le bain d'or également chauffé de la même manière. Enfin un troisième de ces vases, toujours sur la même ligne que les autres et comme eux encastré dans la table, contenait de l'eau maintenue à haute température. En avant de cette dernière cocotte et à l'autre extrémité de la table était placée une autre bobine montée, comme la première, dans une petite poupée en fonte de fer.

Le fil de cuivre étant enroulé sur la première bobine, on en détachait le bout qui passait par de petites poulies de renvoi, d'abord dans la dissolution de cyanure où il se décapait, puis entre les feuillets d'un vieux livre où il s'essuyait. De là il plongeait dans le bain d'or, puis dans l'eau où il se lavait, dans un second livre où il se séchait, et enfin, sur la bobine à laquelle on communiquait un mouvement de rotation, le second pôle de la pile se terminait par une petite lame d'or que j'enfonçais dans le bain en raison de la charge que je voulais avoir sur mon fil. Telles furent mes premières dispositions.

Je donnai d'abord le mouvement à l'aide d'un fort tourne-broche à poids; mais il fallut bientôt y renoncer, l'obligation de le remonter toutes les heures étant fort ennuyeuse et d'ailleurs nuisible à la régularité du dépôt qui, pendant ces temps d'arrêt nécessaires pour ce service, prenait un excès d'or qui s'accusait par un ton rouge brique qui faisait disparate avec le reste de la couleur.

Je construisis alors un petit moteur électro-magnétique qui se composait de quatre aimants et d'une roue en bois et cuivre, armée de fers doux sur sa périphérie et de deux commutateurs sur l'axe. Une batterie de six éléments Daniell était suffisante pour lui communiquer la puissance nécessaire à mettre l'appareil en jeu; mais je m'aperçus bientôt que je ne pourrais tirer aucun service de mon nouvel instrument par l'irrégularité de vitesse avec laquelle il se comportait. Les fils accusaient parfaitement cette différence par la gamme de tons qu'ils présentaient, variation surtout très-sensible sur les fils argentés. Les premières centaines de mètres passaient de couleur or vert, la seconde période plus foncée, et ainsi de suite de tons de plus en plus foncés, jusqu'à ce que la batterie complétement épuisée, force fut à la machine de s'arrêter. La malheureuse batterie ne fonctionnant pas plus de trois heures, je dus donc renoncer à ce système. Je vendis ma petite machine à un de mes élèves, M. Persiani, le fils de la célèbre cantatrice.

Je me construisis enfin une petite machine à vapeur, et c'est par là que j'aurais dû commencer. Il va sans dire que son jeu régulier me permit d'obtenir une plus grande uniformité de ton, mais il me restait à vaincre l'inconstance de la pile, puis celle de la température du bain. J'avais une si faible surface exposée à l'action de l'électricité que la moindre variation dans la pile, dans la température du bain s'accusait instantanément sur le fil par un changement de ton. La partie de fil engagée dans le bain d'or n'avait pas plus de 20 centimètres de longueur. Néanmoins mon résultat s'accentuait de plus en plus. Encouragé par les progrès que je faisais chaque jour, malgré la somme assez considérable que j'avais déjà sacrifiée à mes expériences, je construisis un nouveau métier.

A la cocotte émaillée contenant le bain, je substituai une cuve en bois doublée intérieurement de gutta-percha, longue de 60 centim. intérieurement, large de 20 centim. et 30 centim. de profondeur.

J'imaginai un moyen mécanique de va et vient pour étaler uniformément le fil sur les bobines.

J'adaptai une sonnerie qui était mise en mouvement par la rupture du fil et m'avertissait de cet accident.

J'ajoutai une seconde bobine, je créai un système qui me permit de sortir les fils du bain d'or ou de les y plonger pendant la marche, au lieu d'une petite anode j'en montai trois sur un système à coulisse qui permettait d'en enfoncer à volonté la quantité nécessaire. Une de ces anodes plongeait entre les deux fils, les deux autres de chaque côté.

Enfin j'obligeai les fils à l'aide d'un jeu de poulies en porcelaine, à se replier trois fois sur eux-mêmes, de telle façon qu'au lieu de 20 centimètres j'arrivai pour chaque bobine à pouvoir immerger 1 mètre 20 centimètres de fil.

Afin de pouvoir étudier les vitesses, j'établis au-dessus du métier, et à l'aide de deux montants, un petit arbre de couche avec série de poulies de différents diamètres, avec poulies correspondantes sur l'arbre de la machine à vapeur.

Comme on le voit, le procédé progressait de plus en plus, et il ne restait que peu de chose à faire pour le rendre pratique. L'inconstance seule des générateurs d'électricité me gênait encore, il fallait de toute nécessité pouvoir compter sur une grande constance du courant pour arriver à un résultat définitif. L'idée me vint alors de substituer à la pile l'appareil de M. Clark. Je fis donc cette acquisition, mais quoique parfaitement construit pour l'objet auquel on l'avait destiné (des expériences de cabinet), il ne put résister à un travail de longue haleine. En moins de deux jours il fut mis hors de service. Toutefois je pus constater que le problème était résolu, mais aussi que mes ressources étaient épuisées.

Il me devint donc indispensable d'accepter une association. Hélas ! elle fut loin de m'être favorable ; le lot de mon associé était de fournir les fonds nécessaires à l'exploitation des épaulettes et des fils, il devait me rembourser mes frais d'expériences qui s'élevaient à une vingtaine de mille francs, comme compensation il avait droit à la moitié des bénéfices et à faire figurer son nom dans les brevets pris en nom collectif, mais, par un insigne tour d'adresse, ma participation dans le brevet fut escamotée, et en homme habile il trouva commode de prendre le brevet en son nom seul à mon insu, et ne me remboursa rien du tout, s'étant entendu à cette fin avec mon homme d'affaires. C'était un saint homme que mon cher associé. Qui donc eût pu se défier d'un modèle de piété communiant tous les dimanches et se faisant un manteau trompeur des choses les plus saintes, les plus sacrées. Aussi fus-je sacrifié et béatement dépouillé. Oh ! il était très-habile mon associé, car en trois années, tout en travaillant beaucoup, je fus dépossédé d'un matériel accepté par lui au chiffre de 55,000 francs, de 20,000 francs de plus-value de mon bail et de 20 à 25,000 francs de constructions. Mais laissons là ces navrants souvenirs.

Expulsé par mon associé, je m'occupais de petits travaux de mécanique lorsque je fus visité par un amateur des plus distingués comme chimiste et physicien, M. de Romilly, qui me commanda une petite machine à vapeur de la force de deux hommes à cette condition que je la ferais moi-même.

Un jour, pendant que j'exécutais ce petit travail, M. de Romilly m'amena son beau-frère, M. Lalouël de Sourdeval, autre amateur non moins distingué que M. de Romilly et dont le nom est connu des chimistes comme collaborateur de M. Margueritte. Ces messieurs se prirent à examiner mon appareil à dorer les fils qui était exposé dans mon petit atelier et s'enquirent de son usage. Je m'empressai de satisfaire à leur désir en leur en expliquant le but et le jeu. Quelques jours se passèrent, puis, dans une nouvelle visite, ces messieurs me proposèrent de me mettre en état d'exploiter mon procédé ; c'était demander à un malade s'il voulait la santé. Nous nous entendîmes bien vite, et je fondai la tréfilerie parisienne dont je me bornerai à décrire les opérations successives ainsi que la disposition de l'usine.

Choix des matières premières, argent et cuivre.

§ 3. L'argent doit être excessivement malléable, ne doit point contenir d'alliage et avoir été fondu le moins souvent possible. Quoique M. Lucas prétende que ce métal abandonne par le refroidissement la quantité d'oxygène qu'il absorbe à l'état de fusion, nous pensons, au contraire, qu'il en retient suffisamment pour le rendre d'autant plus aigre et cassant qu'il va plus souvent au feu. Le métal parfaitement affiné qui résulte de l'extraction du minerai, doit être préféré à celui que l'on trouve dans le commerce et qui a déjà servi plusieurs fois à la confection d'objets d'orfévrerie. M. Caplain-Saint-André nous fournissait cette matière dans les meilleures conditions et nous la livrait en bottes de fils d'un fort millimètre de diamètre. Je faisais placer ces bottes dans un four où elles subissaient l'action du recuit, après quoi on les plongeait dans le dérocher. La manière de recuire l'argent n'est pas indifférente, car bien que cela paraisse être d'une difficulté presque insurmontable, j'ai pu obtenir des 5 et 6 P avec du second titre.

§ 4. Quant au cuivre, il doit comme l'argent avoir été débarrassé avec soin de tout corps étranger susceptible d'altérer sa ductibilité, et sa malléabilité et d'autant que, devant subir les mêmes efforts d'étirage que l'argent, il occupe sur l'échelle de malléabilité un rang inférieur à ce métal. Nous avons employé des fils de deux provenances, les uns fabriqués à Laigle, chez M. Mouchel, les autres connus dans le commerce sous le nom de fils Lacroix, et que nous prenions chez un représentant de cette maison, rue Saint-Martin, chez le quincailler le plus rapproché de l'église Saint-Merry. Nous avons dû donner la préférence au dernier comme de beaucoup supérieur à celui de Laigle. Comme l'argent, ces fils nous étaient livrés en bottes que je soumettais au recuit, et que je dérochais dans l'acide sulfurique très-étendu d'eau, 1/30 d'acide.

§ 5. En sortant du dérocher, les bottes d'argent étaient lavées à plusieurs eaux et séchées à la sciure de bois. En cet état elles étaient enroulées sur les bobines à l'aide d'un dévidoir construit *ad hoc*, et se composant d'une fusée en acier roulant entre deux coussinets, et portant une poulie à gorge et une corde en boyau engagée dans les gorges respectives des deux roues. La bobine entrait à frottement sur l'extrémité de la fusée.

La botte de fil d'argent était placée horizontalement sur une croix en bois percée en son centre et engagée dans un pivot en fer piqué sur un support également en bois. Des chevilles en bois placées à égale distance du centre maintenaient la botte à sa place. Le mouvement était donné à l'aide d'une manivelle fixée sur l'axe de la grande roue.

Chaque bobine portait un numéro indiquant très-exactement son poids. Lorsqu'elle contenait suffisamment de fil, on coupait et on portait la bobine sur la balance de précision. Le poids de l'argent en regard du numéro de la bobine était inscrit sur un livre.

§ 6. Quant au cuivre, après être suffisamment resté dans le dérocher, on le décapait dans de vieilles eaux fortes énervées, on le rinçait à plusieurs eaux et on procédait absolument comme pour l'argent, lorsqu'il s'agissait d'une dorure foncée légèrement rouge, ou qu'il fût nécessaire de l'argenter avant pour obtenir un beau ton jaune orange, toujours préférable.

§ 7. Les bobines étant chargées et pesées, on les mettait en place. J'avais ajouté à nos métiers des touches qui se trouvaient sous la main du doreur pour interrompre ou former le circuit suivant le besoin. L'ouvrier plaçait son fil, tirait la corde de l'embrayage et fermait le circuit. Suivant la vitesse des bobines le fil se chargeait de telle ou telle quantité d'or ou d'argent.

Après la première passe on reconnaissait la quantité de métal déposé, on l'inscrivait sur le livre, puis on passait à la seconde qui, à moins de dorure extraordinaire, était toujours suffisante. Quant à la couche d'argent destinée à blanchir le cuivre, une seule couche le couvrait toujours assez, attendu qu'elle se manifestait invariablement par un dépôt de trois grammes sur un poids de 500 grammes de fil, ce qui équivaut au mi-fin, soit 6 grammes par ki-

logramme, charge correspondant aux plus belles ar-
gentures par l'ancien procédé.

· § 8. M. de Romilly, engoué de la machine à gaz
hydrogène, manifesta le désir de l'appliquer à l'usine,
non seulement pour faire fonctionner nos métiers,
mais encore l'étirage. Je ne pouvais me mettre en
travers de cette détermination sans le désobliger,
aussi commençâmes-nous avec un de ces engins.

Quelque temps auparavant j'avais été appelé rue
de la Paix à faire une conférence sur cette machine
et j'avais comparé la marche de son piston à un corps
sollicité à coups de fusil. Ma comparaison n'était que
trop juste, ainsi que nous en fîmes une malheureuse
expérience. Malgré un très-lourd volant pour une
petite machine d'un demi-cheval, nous ne pûmes
obtenir de mouvement régulier, le gaz ne s'enflam-
mant souvent qu'après une double charge, il en résultait une détonation violente et un accroissement
subit de vitesse qui déterminait la rupture de tous
nos fils à la fois. Il n'y avait pas possibilité d'en tirer
100 mètres sans accident; force fut donc de le mettre
de côté. M. Marinoni voulut bien la reprendre.

§ 9. Nous la remplaçâmes par une jolie machine
à vapeur sortant de chez moi. Alors, au lieu de ces
mouvements saccadés, violents, le tirage devint régulier, la traction constante et moelleuse. La dorure,
l'argenture ne subirent plus de ces fluctuations nui-
sibles, les opérations enfin ne laissaient plus rien à
désirer. Il est vrai que j'avais trouvé le moyen d'obtenir, malgré l'inconstance de la batterie, un courant régulier, par l'interposition entre la batterie et
le métier, d'un petit appareil régulateur du fluide.

§ 10. Cet appareil se compose d'une planchette en

noyer de 13 centimètres de longueur sur 10 de largeur et 2 d'épaisseur. Sur cette planchette, à 45 millimètres de centre en centre, et à 25 millimètres du bord, s'élèvent deux tiges en cuivre cylindriques portant embases de 4 millimètres d'épaisseur. On descend sur chacune de ces embases deux cylindres ; sur l'une le cylindre est en métal (en laiton ou en argent), sur l'autre il est en ivoire. Chacun de ces cylindres porte 50 millimètres de hauteur et 31 millimètres de diamètre ; ils sont couronnés l'un et l'autre par un bouton en laiton molleté permettant de faire tourner à la main à volonté. Ils doivent se mouvoir sur ces tiges à frottement gras. On a pratiqué sur le cylindre en ivoire une hélice à pas serré qui occupe toute sa surface. Un pas de un millimètre est très-convenable, ce qui nous donnera une hélice ou un pas de vis de 45 à 46 tours, pour ne pas nous servir des filets des extrêmes bords. Avec une petite vis en cuivre, nous arrêtons sur un prolongement circulaire en laiton qui sert de base au cylindre et dans une gorge pratiquée à cet effet l'extrémité d'un fil fin de platine assez long pour remplir l'hélice, soit 4ᵐ.40 à 4ᵐ.50. Le prolongement dont j'ai parlé doit faire corps avec le cylindre en ivoire ; celui en bronze est muni d'un semblable appendice pris sur la même pièce, dont le diamètre doit être moindre que celui des cylindres de 5 à 6 millimètres de chaque côté.

Le fil de platine étant retenu à la base du cylindre en ivoire, on l'enroule dans l'hélice jusqu'au sommet, et on vient l'arrêter près du bord supérieur du cylindre en cuivre par le même moyen, c'est-à-dire en le pinçant sous la tête d'une petite vis. Il résulte de cette combinaison qu'en faisant tourner le cylindre en cuivre on amènera sur sa périphérie un, deux, trois, et autant de tours que l'on voudra du fil de platine engagé dans l'hélice, et *vice versâ*.

Sur le bord opposé de la planchette, sur la même ligne que chaque cylindre respectivement, s'élèvent aussi deux petites colonnes percées en travers de leur diamètre d'un trou destiné à recevoir un des pôles de la batterie; deux boutons molletés dont la tige est vissée viennent faire pression sur les fils engagés dans ces trous. La communication de ces colonnes aux deux cylindres est établie à l'aide de deux petites bandes de laiton fixées sur les colonnes, et s'appuyant sur les prolongements circulaires de ceux-là.

§ 11. Une explication du rôle que joue cet instrument pour en faire bien comprendre le jeu et l'importance :

Si vous placez un galvanomètre sur le circuit d'une batterie de quelque système que ce soit au moment où elle vient d'être chargée, l'aiguille courra accuser son maximum d'énergie, mais si vous suivez son indication, peu à peu vous la voyez revenir sur elle-même et, après un certain temps, regagner le zéro. L'électricité se comporte vis-à-vis des dépôts de la même manière qu'à l'égard de l'aiguille, et cela est si vrai que si vous divisez la période de marche de deux couples de Daniell en six parties, que vous ayez préparé six plaques identiques de surface coupées à la même bande de laiton, ramenées par la lime au même poids, vous trouverez que dans la première partie de la période qui peut être d'une heure, vous aurez déposé sur la première lame une somme de métal égale à deux fois la seconde, à trois fois la troisième et ainsi de suite jusqu'à zéro. Mais si vous enrayez l'écoulement du fluide par une disposition qui vous permette de n'en utiliser qu'une faible partie, les choses se passeront différemment ; il est vrai que vous ne profiterez pas de toute la somme de fluide dégagée par le générateur, mais celle que vous laisserez passer maintiendra l'aiguille sur le même numéro du segment, et moins vous laisserez passer d'électricité, plus vous obtiendrez de constance.

Ceci bien avéré, bien démontré par l'expérience, nous avons appliqué ce petit instrument à chacun de nos métiers. Seulement j'ai doublé le nombre d'éléments, tout en ne laissant passer, à l'aide du jeu de mes deux cylindres, que la somme de fluide qui m'était nécessaire. Il est curieux de voir l'aiguille du galvanomètre redescendre ou remonter l'échelle, suivant que l'on enroule plus ou moins de platine sur l'un des cylindres. Comme chacun des générateurs d'électricité était muni de son galvanomètre, c'était avec une grande satisfaction que nous voyions l'aiguille rester invariablement sur le chiffre auquel je m'étais arrêté comme le plus convenable pour la bonne marche de l'appareil.

Ce régulateur doit faire partie du conducteur qui part du zinc de la pile. On coupe ce fil à un endroit quelconque. Vers son milieu, on engage un des bouts dans le trou d'une des colonnes, et l'autre bout dans l'autre trou, de telle façon que l'appareil n'est en définitive qu'une portion du conducteur intermédiaire entre la lame de zinc et la bobine, et fait partie du courant dont on modère ou on augmente ainsi la puissance, depuis le n° 5 jusqu'au maximum.

D'après cette disposition, les fils reçoivent donc une

couche régulière de métal identique de couleur et de quantité, puis ils sont soumis au tirage.

§ 12. L'instrument que j'ai construit à cet effet se compose d'un petit plateau en chêne de 60 centimètres de longueur, de 30 centimètres de largeur, et 35 millimètres d'épaisseur. A chacune des extrémités du plateau est fixée une poupée en fonte de fer qui reçoit la bobine. La poupée antérieure est munie d'une petite poulie à gorge destinée à recevoir le mouvement de l'arbre de couche; de plus, elle porte un système d'embrayage entraînant la bobine sur laquelle le fil doit venir s'enrouler. En avant de cette bobine est placé un mouvement de va-et-vient afin d'étaler régulièrement le fil à mesure qu'il arrive sur cette dernière. En avant encore du va-et-vient est placée une filière en rubis enchâssé dans un flanc en laiton. Enfin, à l'extrémité du plateau, celle des deux poupées sur l'axe de laquelle on engage la bobine qui porte le fil.

L'ouvrier dégage l'extrémité du fil, en fait la pointe, l'engage dans la filière, puis dans la queue de cochon en verre montée sur le va-et-vient, et enfin sur la bobine antérieure, et aussitôt on embraye. On voit alors le fil se brunir et présenter le plus riche aspect de couleur d'or. La gavette, c'est ainsi que l'on désigne cette grosseur de fil, passe au second ouvrier qui la descend d'un second numéro, et ainsi de suite jusqu'aux bouillons, grosseur employée pour la graine d'épinard. Du n° 10 gavette au 8 bouillon, le fil reçoit onze tirages, et du premier P au 6 P, onze autres tirages. Un cheveu ne passerait pas dans la filière qui tire les 5 P, encore moins dans les 5 P 1/2 et 6 P, dernière limite du tirage.

Il faut que la matière sur l'argent ou le cuivre y adhère solidement pour résister à un tel travail, à un effort aussi considérable. Les conditions dans lesquelles je m'étais placé, à force de recherches et de travail, étaient donc de premier ordre.

Jusqu'au n° 17, 8 bouillon, on pouvait, avec de la précaution, tirer à la vapeur ; mais les numéros suivants, de 18 à 23, c'est-à-dire toute la série des P était tirée à bras par des femmes sur des instruments que les Lyonnais désignent sous le nom de banc-borne. Le prix élevé auquel s'élèvent ces produits délicats, en raison de la main-d'œuvre, me détermina à chercher les moyens d'employer la vapeur à cette opération J'eus le bonheur de réussir. J'ai cédé aux successeurs de M. Alphonse Lyon le dernier petit métier que je possédais, avec l'autorisation, sans rétribution aucune, d'en construire pour leurs besoins.

§ 13. Ce petit tirage, qui est tout en fonte de fer, ne diffère en rien, quant au princpe et à l'ensemble, de celui décrit au paragraphe précédent, si ce n'est que la bobine, qui porte le fil qu'il s'agit de tirer, est placée verticalement, et qu'entre celle-ci et la filière s'élève une petite colonne en cuivre dans laquelle on fixe une lame très-flexible en acier ou en laiton récroui, surmontée d'une petite poulie en os ou en buis. Cette lame est placée à égale distance de la bobine et de la filière, à 30 centimètres au moins ; son jeu est d'amortir, d'adoucir la brusquerie du tirage. Pendant toute la marche, on voit la petite poulie communiquer à la lame des mouvements d'inflexion nécessaires à rendre la traction plus moelleuse, moins brusque, et éviter la rupture qui aurait lieu sans cette disposition.

§ 14. Les filières sont faites d'une petite lentille de corindon, rubis, diamant, dressée sur ses faces, percée au centre et sertie dans un flanc en laiton de 25 millimètres de diamètre et d'un millimètre et demi d'épaisseur. On fabrique spécialement ces petits instruments à Lyon, à Trévoux, et ceux en diamant, à Pont-de-Chéruy dans l'Isère. On peut les fabriquer chez soi en montant des tours à percer, ou en envoyant les rubis à Genève où on trouve facilement à les faire percer par les personnes qui préparent ceux des montres.

Il y a avantage à les faire percer pour le n° 6 P, attendu qu'au bout d'un certain temps de service le trou se déforme, s'ovalise malgré la dureté du corindon, et alors il devient nécessaire de réparer la filière à l'aide du fine-pointe de métal que l'on trempe dans de l'huile contenant de la poudre de diamant.

Ce travail ne peut se faire sans agrandir le trou. Il en résulte que la filière passe à un numéro plus gros. Les seules filières qui résistent longtemps et qui communiquent au fil un brillant éblouissant sont celles en diamant. Celles en corindon coûtent 30 fr. la douzaine, tandis que celles en diamant coûtent 90 à 100 fr. la pièce. Indépendamment de la différence de prix de la matière première, il y a celle de la main-d'œuvre. Un corindon peut être percé, s'il est de première épaisseur, en une heure, tandis qu'une table de diamant de l'épaisseur d'une carte de visite prend de quarante à cinquante jours.

§ 15. Jusqu'ici nous ne nous sommes occupé que de la dorure et de l'argenture de ces produits, c'est-à-dire du fin et du mi-fin ; mais il y a aussi le faux que l'on obtient par une couche de laiton sur du cuivre. Il pourrait paraître plus naturel d'employer les fils fabriqués de toutes pièces avec cet alliage; mais cela ne se peut par défaut de malléabilité. Nous nous servîmes donc des procédés que nous avons fait connaître pour la préparation de ce bain, et en appliquant les diverses dispositions dont il a été question pour l'argenture et la dorure, nous obtînmes un produit passable, et j'emploie cette expression parce qu'il me paraîtrait audacieux de comparer le faux obtenu ainsi à celui fabriqué par l'ancien procédé.

§ 16. Le métal que je voudrais voir adopter par les passementiers est le platine. Ne pourrait-t-on fabriquer du mi-fin en le substituant à l'argent, soit pour être employé en galons, corps et frange d'épaulettes? Le platine se prête si bien aux opérations de l'électro-métallurgie! On m'objectera que la couverture du cuivre avec le platine augmenterait beaucoup le prix de vente du produit. Nous n'en disconvenons pas; mais nous sommes convaincus que, malgré cette augmentation, l'avantage resterait au platine, en raison de son peu d'affinité pour l'oxygène et ses très-faibles dispositions à la sulfuration.

Ancien procédé des doreurs lyonnais, dorure,
argenture.

§ 17. Ces habiles industriels, qui ont toujours excellé dans leurs productions de tout genre, dans l'exploitation de leurs diverses industries, préparaient leur dorure, et beaucoup la préparent encore sans doute, d'après la méthode qui suit : ils forgeaient un bloc d'argent de 5 à 6 kilog. sous forme d'un cylindre de 6 centimètres de diamètre et de 35 à 40 cen-

timètres de longueur. Le bâton devait être sans défaut, ni pailles, ni gerçures, ce dont on s'assurait par
un grattage à vif.

Après s'être assuré que le bâton était parfaitement
sain, on le portait dans un four d'où on ne le retirait
que lorsqu'il avait atteint la couleur rouge sombre.
Alors on le plaçait, par ses extrémités, sur deux tré-
teaux en fer. Là un ouvrier commençait, après l'avoir
bien brossé et en commençant par un bout, à l'en-
tourer de lames d'or sur lesquelles il appuyait, avec
une espèce de brunissoir, de manière à ne pas laisser
d'air entre l'or et l'argent. Dès que le premier manchon d'or était posé, on passait au second, en ayant
soin de faire mordre d'un demi-centimètre les feuilles
du second manchon sur celles du premier, afin d'é-
viter toute solution de continuité entre les manchons.
Le bâton étant ainsi tout couvert d'or, on recommen-
çait l'opération du sens opposé, afin de croiser les reprises, et on collait ainsi des feuilles jusqu'à ce que
l'on ait atteint le poids constituant le numéro de dorure demandé, suivant qu'il s'agissait du n° 42 qui
représente 18 grammes par kilogramme d'argent, ou
du n° 24 qui est la plus basse dorure.

Une fois doré, on portait le bâton à la tréfilerie où
on commençait de le tirer dans de très-grosses filières en acier, en aidant l'opération avec de la cire
jaune. Il faut croire qu'il restait une assez grande
quantité d'or dans la cire, puisqu'elle était vendue au
prix de 20 centimes le gramme On comprendra cela
d'autant mieux que si, prenant le fil en gavette, il
faut encore vingt-deux tirages pour l'amener au 6 P,
combien en faudra-t-il au bâton pour descendre au
numéro de la gavette.

§ 18. Les feuilles d'or appliquées sur les bâtons, ne sont jamais à $\frac{1000}{1000}$ comme celui que nous employons. Elles sont alliées à du cuivre ou à de l'argent suivant le ton de dorure que l'on veut avoir. Il résulte de cette différence dans la pureté de la matière que notre dorure à 36 est au moins aussi belle que le 42 lyonnais et notre 32 que le 36 au feu.

Ce que nous venons de dire pour la dorure de l'argent par le feu s'applique également au cuivre. Ce sont encore des bâtons de 6 kilogrammes que l'on plaque d'or de la même manière.

Si nos dorures sont relativement plus belles, en revanche le faux est mieux traité par ces messieurs que par nous. Ce système, qui donne toujours une très-belle teinte, se pratique de la manière suivante.

§ 19. On établit un four en forme de dôme, une espèce de moufle en briques réfractaires chauffé extérieurement vers les deux tiers de la hauteur de ce four; on suspend des bâtons en cuivre isolés les uns des autres par leurs extrémités, d'un bout ils s'engagent dans des entailles en fer scellées dans le mur du fond, et l'autre bout traversant le mur de devant, s'appuie extérieurement sur un second râtelier en fer. Ces derniers bouts doivent être assez longs pour que l'on puisse faire tourner à volonté les bâtons sur eux-mêmes de l'extérieur sans être obligé d'ouvrir la porte du four.

Dans la partie inférieure du four, sous les cylindres qui peuvent être plus ou moins nombreux, on pratique un trou pour recevoir une cuvette en fonte chauffée assez fortement en-dessous pour volatiliser le zinc dont les vapeurs se portent sur les cylindres qui, eux-mêmes, sont maintenus à une température assez élevée, pour absorber le zinc et s'y allier superficiellement.

Les ouvriers chargés de ce travail connaissent parfaitement le temps et la température qu'il faut accorder à cette opération. Lorsqu'ils jugent que la couche de laiton est assez forte, ils éteignent le feu, laissent refroidir les bâtons et les portent à la tréfilerie où ceux-ci, après avoir été bien décapés, bien avivés, passent en filières.

Ainsi que nous l'avons dit, il serait difficile d'obtenir par la pile un résultat comparable à celui que l'on obtient par ce procédé et nous ajouterons que nous le préférons au nôtre.

Je terminerai cet article par une description de la tréfilerie parisienne et un procédé de couverture hydrofuge des matières textiles employées en passementerie.

§ 20. *Disposition de l'usine.*

La tréfilerie à laquelle MM. de Romilly et de Sourdeval donnèrent le nom de Parisienne, fut montée faubourg Saint-Martin, nº 179, dans un vaste local offrant la forme d'un long parallélogramme de 25 à 26 mètres de longueur sur 8 de largeur. Cette pièce était éclairée d'un côté de sa longueur par de larges baies. A 10 centimètres en contre-bas de ces ouvertures, je fis placer un établi en bois de hêtre de 0,05 centimètres d'épaisseur sur 0,70 de largeur s'étendant sur toute la longueur de l'atelier. Sur cet établi étaient fixés les différents métiers à tréfiler. L'ouvrier placé en tête recevait les fils sortant des bains de dorure et d'argenture et les descendait d'un certain nombre de traits, puis les repassait au n° 2 qui à son tour, après les avoir descendus de 5 à 6 traits, les livrait au numéro suivant et ainsi de suite jusqu'au 4, 5 et 6 P.

Les appareils à tirer, au nombre de 30, étaient sollicités par un arbre de couche muni de petites poulies à gorge en fonte de fer, ces poulies communiquaient le mouvement à celles fixées sur les appareils à l'aide de petites cordes en boyau. Ces dernières poulies étaient rendues folles à volonté afin de pouvoir embrayer ou débrayer suivant le besoin.

A l'extrémité de l'établi et à la suite des appareils à étirer, venaient deux instruments pour le forage des rubis et la réparation des filières.

Au second plan, vers le milieu de l'atelier, étaient fixés à égale distance les uns des autres et perpendiculairement aux tirages, 21 métiers à dorer ou à argenter, chacun de ces métiers manœuvrant 6 bobines, soit 126 traits en opération, c'est-à-dire se couvrant d'or ou d'argent. Ces métiers recevaient le mouvement d'un second arbre de couche placé à la même hauteur que celui des tirages. Comme ce premier, il était muni de poulies à gorge correspondant avec celle des métiers et transmettant le mouvement à l'aide de cordes en boyau. Chacun de ces métiers pouvait dorer ou argenter 12 kilogrammes de trait à trois passes, c'est-à-dire doré trois fois par journée de dix heures, et déposer de 12 à 18 grammes d'or par kilogr. Les dorures inférieures ne descendaient jamais au-dessous de 6 gram. par kilogr. de trait.

A l'arrière-plan, contre la muraille et derrière les métiers à dorer, se trouvaient les dévidoirs occupés par les femmes qui remplissaient les bobines. Sur une table, la balance de précision et les livres sur lesquels le contre-maître inscrivait les opérations, enfin une élégante petite machine à vapeur de la force de deux chevaux, au mouvement souple et onctueux, que j'avais construite avec toute la précision possible et munie d'une chaudière genre locomotive complétaient le mobilier industriel de cette pièce, la principale de l'usine.

Dans les pièces qui suivaient étaient installées les femmes (tranquaneuses) qui dédoublaient les bobines et les divisaient par 250 grammes, puis les magasins et les bureaux.

Au rez-de-chaussée le laboratoire où je préparais mes dissolutions d'or et d'argent. Indépendamment d'un fourneau commode et parfaitement approprié à mes opérations chimiques, j'avais fait construire un four d'une disposition particulière pour le recuit des fils de cuivre et d'argent. C'était aussi dans cette pièce que se pratiquait le dérocher et le décapage des gavettes.

Cette installation qui ne laissait rien à désirer, et pour l'exploitation de laquelle nous avions fait venir des ouvriers de Lyon, avait exigé une mise de fonds considérable (plus de 150,000 francs) devant laquelle MM. de Romilly et de Sourdeval n'avaient pas reculé, et nous étions en droit, eu égard à la supériorité de nos produits surtout, de voir prospérer un établissement qui implantait dans la capitale une industrie nouvelle susceptible d'ajouter à sa vie. Mais l'homme propose et les marchands de dorures disposent. MM. de Sourdeval et de Romilly, avec leurs idées de droiture et de générosité, voulaient que toutes les bourses pussent profiter de la faveur des prix fixés par un bénéfice à l'abri de toute critique. Ils entendaient que le petit brodeur qui ne peut acheter qu'une petite quantité de trait à la fois fût traité sur le pied de l'égalité, relativement aux prix, avec les gros bonnets de la passementerie, mais ces prétentions contrariaient singulièrement les allures de ces négociants qui sont les fournisseurs ordinaires des ouvrières brodeuses et qui trouvent dans cette spéculation des bénéfices considérables. Il en résulta que le gros commerce de la passementerie se ligua contre la tréfilerie Parisienne et que nos produits manquant d'écoulement, ces messieurs se découragèrent et me chargèrent de vendre cet établissement modèle qui tomba en déliquium entre les mains d'un commissionnaire peu scrupuleux sur la qualité des produits. Notre successeur livrait à la consommation des traits qui ne contenaient pas plus de 2 à 3 grammes d'or par kilogramme de fil.

Ainsi finissent souvent les meilleures choses; ainsi s'évanouit pour moi tout espoir de profiter enfin, de tirer une juste rénuméraration de mes travaux, de mes longues et pénibles recherches et des sommes englouties dans les nombreuses expériences. Car si l'on considère l'ensemble du résultat, on verra que mes travaux ne portèrent pas seulement sur le moyen de déposer de l'or ou de l'argent sur un fil de métal, mais qu'il me fut imposé par la nécessité de donner à cet or une teinte régulière sur des longueurs de plusieurs kilomètres dans des conditions exceptionnelles, avec un électrode négatif accusant une surface des plus sensibles aux variations des générateurs d'électricité; que, ce problème résolu, je me trouvai

dans l'obligation de devenir tréfileur; qu'il me fallut
créer des métiers réunissant toutes les conditions de
souplesse dans leurs mouvements, de simplicité et
d'économie dans le travail.

L'étirage à la vapeur pour les traits dits bouillons
n'était appliqué dans aucune fabrique encore moins
pour les P. Ce travail était exécuté à la main sur des
petits métiers dits banc-bornes tenus par des femmes.
Il faut bien le dire, ce sont les exigences, les prétentions de l'une d'elles et la difficulté de la remplacer
qui me décida à supprimer les banc-bornes. Je construisis donc un petit métier très-léger en m'inspi-
rant, pour la position de la bobine qui contenait le
fil qu'il s'agissait de descendre, de celle montée sur
l'ancien métier. Je remarquai que lorsque ces traits,
qui sont plus fins qu'un cheveu, étaient tendus directement d'une bobine à l'autre, la moindre secousse
occasionnait la rupture de ce fil. Je reconnus dès lors
qu'il devenait nécessaire de lui donner une sorte d'é-
lasticité que je ne pus obtenir qu'à l'aide d'une pièce
intermédiaire entre la bobine verticale et la filière.
Cette pièce fut le ressort porteur d'une bobine de
renvoi que l'on remarque dans mon métier à étirer
les derniers numéros désignés sous la dénomination
de série des P.

A peine mon petit métier fut-il muni de cet agent
que je pus faire tirer à la vapeur, et avec la plus
grande facilité par l'ouvrière la plus inexpérimentée,
toute la série des P, et cela sans qu'aucun accident
vînt interrompre ou ralentir la marche du tirage
quoique plus accélérée qu'à la main, circonstance
heureuse qui nous permettait de baisser le prix de
ces numéros maintenus à un taux élevé en raison de

la quantité de temps employé à les tréfiler à la main avec les anciens métiers banc-bornes.

J'aurais certainement pu tirer un parti avantageux de ces diverses innovations en m'assurant, par un brevet, la propriété autant du métier à dorer que des appareils tréfileurs, mais je n'en fis rien. Je donnai même gratis *pro Deo*, ainsi que je l'ai déjà dit plus haut, aux successeurs de M. Alphonse Lyon-Allemand, l'autorisation de construire pour le service de leur tréfilerie des tirages semblables aux miens dont je leur cédai un fort joli spécimen. Cette autorisation leur fut donnée par écrit. M. Mouchel de l'Aigle me fit prendre par son représentant un appareil de tirage pour les plus gros numéros. On m'a assuré que ce tirage est adopté même pour des numéros plus forts dans cette importante maison. Ces circonstances indiquent suffisamment la supériorité de ces appareils sur leurs devanciers.

Aujourd'hui la dorure des traits pour la passementerie par la pile se pratique à Lyon sur une grande échelle, et je ne doute pas que l'on finisse par abandonner l'ancien système, si ce n'est déjà fait. Si mes études, mes travaux et mes dépenses considérables pendant plusieurs années ne m'ont rapporté que des déboires, résultat commun à bien des inventeurs, qu'il me soit permis au moins de m'attribuer cette satisfaction d'avoir donné l'élan et contribué au développement de cette révolution industrielle, et conséquemment de m'être rendu utile.

On n'oubliera pas que les bases sur lesquelles on doit s'appuyer pour obtenir un résultat des plus satisfaisants sont les suivantes :

1° Une source d'électricité des plus constantes,

moyen auquel il est facile d'arriver en doublant la somme d'électricité nécessaire et interposant dans le courant un régulateur du fluide, appareil dont je donne ultérieurement la description et dont j'indique le jeu à l'aide du galvanomètre.

2° La composition du bain d'or dans les conditions les plus capables de ne nécessiter que la somme la plus strictement nécessaire de fluide pour sa décomposition. On arrive à ce résultat en saturant la dissolution de cyanure de potassium avec le cyanure d'or, puis, ajoutant un léger excès de ce dissolvant, les bains d'or, pour donner de bons résultats, ne doivent jamais marquer au-delà de 7 degrés au pèse-sel et contenir 12 grammes de métal par litre. Je recommande pour leur composition l'eau distillée.

3° Enfin, s'assurer qu'avant d'entrer dans le bain d'or, le fil soit parfaitement avivé par une solution de cyanure de potassium imbibant des linges au milieu desquels il se trouve obligé de passer sous une légère pression.

§ 21. *Procédé pour rendre imperméables les matières textiles, soie, fil, coton, employées en passementerie sous le nom d'âmes, etc.*

Le galon d'or et d'argent est très-employé en France non-seulement dans l'armée, mais encore dans les ornements de l'Eglise. Ceux qui en font usage ont pu apprécier avec quelle rapidité il perd son éclat, à ce point qu'après quelques mois de service il devient nécessaire de se faire redorer ou réargenter. Cette prompte flétrissure des insignes tient particulièrement à une cause inhérente à l'em-

ploi de matières employées dans la fabrication du
galon, des épaulettes, etc. Ces substances sont, sans
contredit, l'âme du trait pour le galon, et la grosse
âme en coton pour les tournantes d'épaulettes. Il
y a aussi le galon avec dessin en relief fourré
d'étoupe qui porte avec lui des germes de destruction.

Tant que ces insignes sont exposés au soleil ou à
une température privée d'humidité, ils conservent
assez longtemps leur éclat, leur brillant. Mais vient-
il à tomber une averse ou même une légère pluie,
on peut considérer qu'ils emportent un germe de flétrissure qui ne tarde pas à se manifester. Comment
en serait-il autrement? le filet se compose d'un fil de
soie sur lequel on enroule une fine lame de métal
qui n'est autre qu'un trait appartenant à la série des
P, et que l'on écrase entre deux roues d'acier poli;
cette lame, suivant la valeur de l'insigne, peut être
en cuivre argenté et doré, en argent et argent doré.
Ce travail se fait sur un métier disposé de telle façon
qu'à mesure que l'âme de soie se déroule d'une bobine elle est enveloppée de métal à l'aide d'une
autre bobine placée sur une ailette percée dans le
sens de sa longueur par où passe l'âme, cette bobine
portant la lame et tournant autour de l'âme qu'elle
recouvre pendant que celle-ci est sollicitée par un
mouvement de rotation imprimé à une troisième
bobine qui reçoit le filet.

La vitesse imprimée à celui de ces organes sur lequel s'enroule le filet, détermine l'écartement entre
chaque spire de la lame recouvrante. Dans le filet de
belle qualité cet écartement est faible, dans le filet
ordinaire il est plus prononcé, pour le filet or, on

dissimule cet écartement en employant une âme en
soie teinte en beau jaune, pour le filet blanc l'âme
est blanche.

Or, c'est avec ce filet que l'on tisse le galon, que
l'on fabrique le dessus des épaulettes et foule d'autres
spécialités en passementerie. Mais qu'arrive-t-il? c'est
que, exposées à la pluie, l'eau pénètre l'âme du filet
et l'imprègne en quantité d'autant plus nuisible que
l'espace entre les spires est plus grand, que l'âme est
plus grosse, les tournantes surtout, avec leur âme de
coton qui n'a pas moins de 10 millimètres de diamètre, deviennent un foyer d'humidité qui réagit sur
le métal sous-jacent, et fait pousser comme on dit
au vert-de-gris.

Il est vrai que cet effet désastreux se produit d'une
façon moins sensible sur le fin, mais il s'y produit
encore à la longue. Car chacun sait que deux métaux
superposés constituent, à l'aide de l'humidité, une
véritable pile locale. Il serait cependant facile d'obvier à ces inconvénients, l'expérience en a été faite
sur une paire d'épaulettes que j'ai portées plus d'une
année par tous les temps et qui ont conservé presque
immaculée leur première fraîcheur, bien qu'elles
fussent entièrement faites de cuivre laitonné par le
procédé lyonnais, et argenté à la pile pour mi-fin de
bonne qualité contenant 10 grammes d'argent par
kilogramme de cuivre.

Voilà quelle a été la modification dont s'agit :

§ 22. Sur un de mes métiers à dorer, à la place de
la cuve contenant le bain d'or, j'en ai placé une
autre dans laquelle j'ai versé une dizaine de litres
d'une dissolution de caoutchouc (dans un dissolvant
neutre); la benzine m'a paru réunir les conditions

les plus favorables. J'ai rejeté l'emploi du sulfure de carbone, craignant la réaction de cet agent (malgré son évaporation) sur le métal argenté. Les bobines ont été couvertes de fil de soie. Ce fil a été plongé dans la dissolution de caoutchouc, puis dirigé d'abord à travers un double tube chauffé à la vapeur, puis dans une boîte remplie de talc en poudre très-fine, et enfin sur la bobine destinée à le recevoir et sollicitée comme il a été dit pour la dorure. La caisse munie d'un couvercle pour éviter l'évaporation du dissolvant, le fil entrant et sortant par deux petites ouvertures.

En moins de 20 minutes je couvris ainsi 250 grammes de fil de soie par bobine destiné à être couvert de lame. La chaleur développée dans le tube était plus que suffisante pour évaporer le dissolvant, bien que ce tube n'ait eu que 60 centimètres de longueur. Quant à la poudre de talc, elle avait pour fonction d'empêcher les fils d'adhérer entre eux, précaution rendue inutile par le tube séchoir. Je couvris également de caoutchouc les âmes des tournantes, puis je livrai le tout à un passementier qui me fit confectionner le filet et les épaulettes.

Il est facile de comprendre maintenant que l'eau ne pouvant trouver accès dans les divers organes composés de matières textiles possédant la propriété d'absorber et conserver ce liquide, la cause de flétrissure provenant de ce fait disparaisse, et que, quoique mouillés accidentellement sur leur surface extérieure, les métaux superposés par voie électro-chimique ou autre ne subissent pas une altération très-sensible. Les franges qui se composent de bouillons en sont un exemple, car elles se flétrissent moins vite que le corps de l'épaulette, attendu qu'elles sont fabriquées avec du trait isolé et hors du contact des matières textiles.

Quoique cet article paraisse s'éloigner de mon sujet, j'ai cru devoir le publier, attendu qu'il peut être assimilé à ceux figurant dans les divers traités d'électro-métallurgie et traitant des vernis au point de vue de la préservation des métaux contre l'humidité. D'ailleurs les passementiers, qui sont pour la plupart gens instruits et intelligents, trouveront peut-être dans ce procédé des éléments de progrès et d'amélioration pour leur bel art. Je crois aussi devoir leur signaler le caoutchouc (non sulfuré) pour remplacer le coton qui constitue l'âme des grosses et des petites tournantes. Ce caoutchouc serait tiré en tubes d'une certaine résistance. Peut-être feraient-ils bien aussi de supprimer la lame de zinc cousue dans le corps de l'épaulette, et la remplacer par une lame de cuivre faiblement argentée pour les épaulettes argent mi-fin, et dorée à l'immersion pour celles or.

Que ces messieurs ne s'effraient pas de ce petit surcroît de dépenses, les officiers qui sont tous instruits ne demanderont pas mieux que de leur en tenir compte, car ils comprendront l'importance de ces améliorations eu égard à la durée de leurs insignes.

J'ai parlé, en commençant la description de la dorure passementière, d'épaulettes complètement en métal ; je vais donner ici tous les moyens et procédés électro-chimiques auxquels j'ai eu recours pour arriver à la perfection de ces insignes, bien que les brevets aient été pris dans le temps au nom de Michel Spiquel et qu'il y ait eu aussi des épaulettes fabriquées sous le nom de Fabien Sestier, l'inventeur et le producteur de ces insignes n'a jamais été que moi. Je le dis hautement sans crainte de rencontrer un contradicteur.

Ma pensée première fut de prendre un moulage sur un corps d'épaulette dont le tissu ne présentât aucune irrégularité et de le reproduire par voie électro-chimique, c'est en effet ce que je fis. La gutta-percha me réussit parfaitement, mais il faut bien l'avouer, il est des procédés mécaniques avec lesquels la galvanoplastie ne peut pas lutter, les corps d'épaulette obtenus par ce procédé me coûtaient trop cher et je dus y renoncer. J'eus alors l'idée d'obtenir ce résultat à l'aide d'un cylindre en acier gravé à la molette montée sur un chariot. Ce travail fut exécuté avec une précision rare, et l'impression sur métal était une copie tellement exacte du tissu que l'œil le plus exercé s'y méprenait. Je fis alors composer un alliage offrant le maximum de ductilité après le cuivre pur, le métal laminé en bande de la largeur maxima des corps fut imprimé par longueur de trois paires et découpé au balancier, puis légèrement embouti vers la partie où s'enroulent les tournantes.

Il fallut encore trouver le moyen de border à la machine, et d'un seul coup, toute cette partie du corps qui se trouve en dehors de la tournante. C'est dans ces petits rebords rabattus que glisse le porte-frange fixé au corps d'épaulettes par le bouton de hausse-col monté sur une tige à vis. Ce porte-frange est en laiton ordinaire, soit doré à l'immersion, soit légèrement argenté et percé de nombreux jours pour lui enlever du poids, car il ne s'agit pas seulement d'imiter la passementerie, mais il faut encore ne pas dépasser le poids régiementaire. Puis vient la grosse tournante avec son dessin d'uniforme. Je pensai d'abord à prendre un tube creux de 12 millimètres de diamètre, de 1 millimètre 1/2 d'épaisseur et de champlever à l'aide d'un burin de forme particulière la partie vide entre les hélices de la tournante. Ce travail me fut des plus faciles, mon tour parallèle et le chariot en eurent bientôt raison, l'ornementation fut obtenue à l'aide d'une molette imitant parfaitement la passementerie. Le travail terminé, je crus, à contempler mon œuvre qui me parut sans reproche, avoir atteint le résultat cherché, mais il n'en fut point ainsi.

Lorsque j'eus rempli le tube avec du plomb et que j'essayai de le courber sur sa forme, bien qu'il ait été recuit avant cette opération, la soudure s'ouvrit et le tube se sépara. Indépendamment de cet accident, plusieurs ruptures se manifestèrent dans les parties qui avaient à subir le plus gros de l'effort, la partie concentrique du tube se comportait bien, mais le cercle circonscrit ne put s'allonger suffisamment sans se rompre. Je dus donc chercher un autre moyen. Je rejetai l'idée de tailler dans la masse de la matière et je supprimai l'emploi des tubes soudés. Je fis alors tirer du tube sans soudure pris dans des rondelles de laiton contenant peu de zinc et conséquemment très-malléable ; ces tubes, à l'épaisseur de 4 dixièmes de millimètre, avaient exactement le poids des tournantes ministérielles.

Pour leur donner l'aspect de l'organe en passementerie qu'ils devaient remplacer, je glissais dans l'intérieur une vis en acier de toute la longueur de la tournante et même un peu plus. Le tube était arrêté sur cette vis à l'une des extrémités sur une partie lisse ménagée à cet effet, par un anneau en acier porteur d'une vis. Ainsi monté, le tout était placé sur un instrument que j'avais construit *ad hoc*. Comme la construction de cet instrument, si je voulais en donner une description, nécessiterait des dessins, et que, d'ailleurs, elle ne fait pas partie de l'objet que je traite, je me contenterai d'en donner le résultat. La vis recevait de l'ouvrier un mouvement de rotation pendant qu'une espèce de burin contondant emboutissait le métal, l'enfonçait dans le vide de cette vis, tandis qu'une molette suivant le burin s'appuyait fortement sur la partie restée en relief, et imprimait le dessin. En moins d'une minute l'opération était achevée. Pour donner une idée de la vitesse avec laquelle se faisait ce travail, il me suffira de dire que je payais 15 francs de façon pour un cent de paires de ces tournantes et que, sans se presser beaucoup, un ouvrier gagnait 7 fr 50, c'est-à-dire qu'il en fabriquait un demi-cent de paires par journée de 10 heures. Les tubes étaient alors remplis de plomb et tournés sur un galbe déterminé, après quoi on les vidait, on les affranchissait des deux bouts et on soudait aux extrémités une petite rondelle percée en son centre d'un petit trou taraudé destiné à recevoir la vis de montage qui, pour maintenir la tournante en place, s'appliquait sur une petite oreille ménagée sur le corps de l'épaulette.

Les petites tournantes d'ordonnance ou de fantaisie étaient également fabriquées avec du tube sans soudure; toutefois, comme il était impossible d'avoir recours à une vis pour les emboutir, la partie creuse de l'ornement était champ-levée. Ces petites tournantes étaient arrêtées à la grosse par quelques points de soudure à l'argent.

La disposition du montage était telle que chacune des pièces de l'insigne pouvait être remplacée à volonté, absolument comme on remplace un des organes de la batterie d'un fusil, ces diverses pièces étant toutes faites sur le même modèle pour le même numéro de grandeur. Le porte-frange est percé sur la zône extérieure de la partie arrondie, d'une quantité de petits trous qui servent à coudre la frange. Cette pièce est recouverte en dessous de drap ou de velours.

Dès que les corps ont été montés, les torsades et le porte-frange ajustés, ils sont recuits de nouveau, chaque pièce isolément, dérochés, décapés et soumis au bain d'argenture ou de dorure. L'argenture est lavée à l'eau bouillante au sortir du bain et trempée dans une dissolution de borax à 20 0/0 également bouillante, rincée de nouveau à chaud et portée à l'étuve. La dorure est traitée par de la couleur liquide ; l'essentiel est de donner aux corps dorés la même teinte que celle de la frange.

Les corps d'épaulettes de général s'obtiennent par la pile, seulement, comme il devient presque impossible d'obtenir sur un corps brodé un moulage pur et sans de nombreuses retouches, il est plus convenable de faire graver un type en creux ou en relief. Je dus avoir recours à ce moyen pour la fabrication de ces corps ornés de broderies où figurent des paillettes, etc., et où le brillant mêlé au mat produit un si séduisant effet. J'eus le bonheur de rencontrer un artiste suisse, M. Faugères, qui me fit un creux admirablement exécuté. Je multipliai ce creux à l'aide de contre-épreuves par voie électro-chimique, et je pus ainsi me procurer autant d'épreuves que je voulus. J'en fis en argent et en cuivre, plusieurs paires furent montées et soumises à l'appréciation de quelques généraux, notamment à M. le général Servatius, et son collègue M. Trézel qui en firent les plus grands éloges, les prenant tout d'abord pour de la passementerie la mieux réussie, la plus régulièrement traitée.

Il en fut de même des épaulettes d'officier. 200 paires furent répandues dans l'armée et accueillies avec faveur; mais des intérêts occultes dissimulés avec soin par mon associé vinrent paralyser l'essor de cette création, les fonds nécessaires à l'exécution des commandes ne me furent pas versés et je me trouvai dans l'impossibilité de livrer.

CHAPITRE VII.

Précipitation du Fer, du Nickel, de l'Étain, de l'Aluminium, Cuivrage, Couverture des monuments. Coloration des métaux.

Précipitation du fer.

§ 23. La précipitation de ce métal, en raison de son affinité pour l'oxygène, paraissait un problème difficile à résoudre, du moins telle était l'observation que me faisaient les personnes à qui je m'ouvrais du projet de tenter l'expérience. Déjà à cette époque j'étais parvenu à recouvrir quelques tiges de cuivre, des pièces de monnaie; mais bientôt (1844) on put voir dans le commerce quelques flacons de cheminée, de poche, recouverts d'argent doré, avec quelques parties recouvertes de fer que les marchands de bijouterie prenaient pour de l'argent oxydé, refusant de croire que ce fût du fer réduit; il fallait pour les convaincre la présence d'une boussole dont je faisais dévier l'aiguille en approchant la partie du flacon recouverte de fer.

Je fis quelques médailles, mais non sans rencontrer de très-grands obstacles pour les enlever de dessus les creux. Le fer se précipitait, acquérait l'épaisseur que je voulais lui donner, mais il avait peu de cohésion et le moindre effort le brisait comme du verre. Je fus obligé d'avoir recours à un subterfuge que je vais signaler pour obtenir des réductions de toutes pièces : je prenais l'empreinte d'une médaille ou de tout autre modèle avec de l'acide stéarique, rendu conducteur à la plombagine, que je recouvrais d'une couche inappréciable de cuivre, pour de là porter mon moule dans le bain de fer où l'opération se continuait. On conçoit qu'une fois arrivé à l'épaisseur voulue, je n'avais plus qu'à faire fondre le creux, de cette manière l'épreuve ne souffrait nullement ; la couche de cuivre était tellement mince qu'un séjour d'une heure dans l'ammoniaque liquide suffisait pour la dissoudre.

Le savant M. Boëttger, qui a suivi les mêmes expériences de son côté, et qui recommande les mêmes substances que moi, a rencontré les mêmes obstacles ; il faut espérer qu'en raison de ses hautes connaissances, il parviendra à produire du fer malléable.

Pour composer le bain de fer, on fait dissoudre 100 grammes de sel ammoniac dans 200 grammes d'eau ordinaire, et d'autre part 200 grammes de protosulfate de fer dans 300 grammes du même liquide. On mélange les liqueurs dans une capsule que l'on porte sur le feu, on laisse bouillir le liquide pendant 12 à 15 minutes, on le filtre et on le verse dans un vase en verre ou en porcelaine, au milieu duquel on descend un vase poreux à texture très-serrée que l'on remplit du même liquide. Dans le vase poreux on immerge un cylindre de zinc auquel on fixe des fils de cuivre ou de fer à l'aide de petites presses à vis. On suspend à ces fils les pièces que l'on veut couvrir de fer par l'intermédiaire d'une tringle en laiton, et en regard du zinc en observant les lois de parallélisme. La figure qui suit est la meilleure disposition à suivre, elle est de beaucoup préférable à celle précédemment décrite en raison de l'isolement de l'anode.

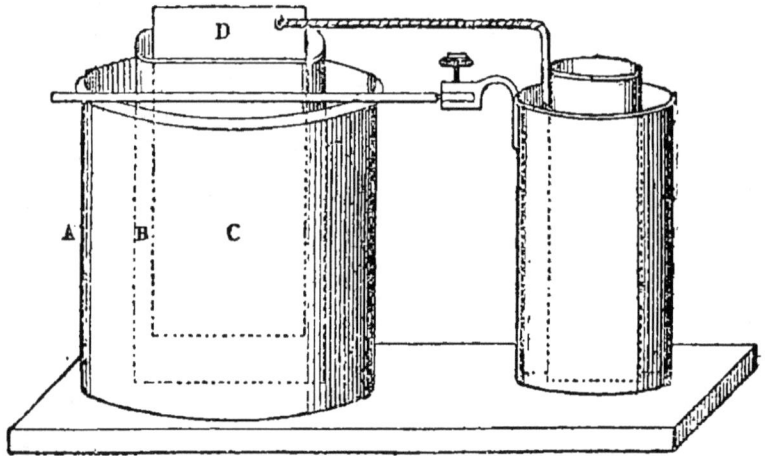

Fig. 68.

A, cuve à réduction en verre, porcelaine ou faïence bien vernie.

B, diaphragme plat en biscuit de porcelaine ou, à défaut, en terre de pipe.

C, place de la pièce à recouvrir que l'on suspendra à la tringle qui porte sur le vase et communiquant avec le pôle producteur de l'élément.

D, lame soluble en tôle de fer que l'on aura décapée dans une dissolution de cyanure de potassium, sel par excellence pour décaper le fer.

Ces pièces doivent être en assez grand nombre pour que l'action électro-motrice ne soit pas trop active, car le métal déposé ne pourrait résister à l'action du brunissoir et s'enlèverait par écailles grises semblables à l'oxyde qui recouvre les planches de tôle laminées. On peut encore employer ce bain en se servant, pour le réduire, d'un élément à faible tension, la lame soluble en fer étant séparée des pièces par une cloison à texture serrée. Ce qui m'a le mieux réussi comme diaphragme, sont les petits vases cylindriques en biscuit de porcelaine. On en place donc un au milieu de la cuve à réduction, on le remplit du même liquide que le bain, et on monte l'appareil comme l'indique la figure 68.

C'est afin d'éloigner l'oxygène des pièces à recouvrir que nous plaçons un diaphragme, et c'est encore pour la même raison que nous choisissons un diaphragme à texture fine. On fera bien de renouveler souvent le liquide qui le remplit et de tenir la lame qui doit fournir le métal toujours bien avivée. Peut-être pourrait-on parvenir à détourner l'action de l'oxygène en plaçant au-dessus du vase poreux une substance ayant pour ce gaz plus d'affinité que le fer lui-même. Je pense qu'il est inutile de dire que les métaux que l'on voudra recouvrir de fer devront être décapés comme pour les autres dépôts dont il a été question.

Le meilleur moyen de conserver du fer déposé, et même de rehausser son éclat métallique, est de l'aviver avec une brosse imprégnée légèrement d'huile d'olive et de rouge à polir anglais. Ainsi pour ceux qui possèdent un tour, ce travail deviendra plus facile s'ils montent sur un petit disque de bois pris sur le nez du tour une brosse circulaire. Avec un pareil instrument, le fer conserve un poli admirable, et la substance qui, par la chaleur développée par ce travail, pénètre les pores, le préserve de l'oxydation.

Néanmoins, comme le métal que l'on dépose ne peut être lisse et brillant que d'autant que le métal sous-jacent le sera lui-même, il faudra polir d'abord les pièces que l'on voudra recouvrir de fer.

Je ne parlerai pour le fer, ni des bas-reliefs de haute difficulté, ni de la production de toutes pièces des vases et statuettes, nous n'en sommes pas encore arrivé là; mais on pourra sans difficulté en recouvrir des statuettes déjà cuivrées en évitant de déposer une couche trop épaisse du premier métal afin de conserver les finesses des détails.

§ 24. Les joailliers qui sont avides de tout ce qui peut rehausser d'un goût délicat et nouveau, tout ce qui se rattache à leur art, trouveront ici des éléments dont ils pourront tirer un grand parti. Les artistes qui s'occupent d'objets d'art pourront aussi, par ce procédé, créer une quantité de ces jolies pièces qui auront l'apparence de celles que les sculpteurs habiles du moyen-âge prenaient dans la masse du fer ou de l'acier, et qu'ils vendaient bien plus cher que si elles eussent été faites en or.

Les bijoux en or ou en argent doré pourront être recouverts partiellement d'une couche de fer et imiter à s'y méprendre les travaux d'incrustation. Je citerai, entre autres jolies applications où le fer déposé joue un rôle admirable, une poignée d'épée en bronze ciselé d'un travail des plus remarquables exécuté par notre grand artiste Vecth. Je commençai par la dorer entièrement, ensuite, avec le vernis à réserve, je couvris toutes les parties délicates, les masques, les filets, les figurines et les principaux ornements. Je déposai du fer sur tous les unis et ce qui pouvait constituer la masse de la poignée ; lorsqu'elle fut terminée, les personnes à qui je la montrai crurent qu'elle était faite avec le pur acier dans lequel les parties dorées jouaient à merveille des incrustations massives. Ainsi donc, avec du bronze ou même du laiton fondu, ciselé et poli, on peut quant à présent imiter à s'y méprendre les pièces du plus grand prix.

§ 25. Pour m'assurer si le fer déposé par la pile acquérait les propriétés magnétiques du fer forgé, l'idée me vint de fabriquer deux barreaux avec deux tringles de même diamètre et de même longueur, l'une en fer doux, l'autre en laiton. Je recouvris cette dernière avec du fer déposé dans les meilleures conditions possibles (fig. 69). Je les couvris d'un fil de cuivre de même diamètre et de même longueur pour l'une que pour l'autre, en ayant bien soin de donner à l'hélice le même nombre de tours dans les deux cas : je montai deux éléments de même surface et chargés avec les mêmes dissolutions, les dispositions de conduction étant identiques. Alors j'essayai la puissance comparative de chaque fer.

Je pus constater que le fer doux ne décelait aucun avantage sur le fer artificiel, et qu'ils soulevaient également l'un et l'autre de 1,532 grammes, le fer artificiel semblait au contraire annoncer un faible avantage sur le fer doux.

Les fabricants d'instruments de physique pourront
peut-être fixer leur attention sur cette expérience et

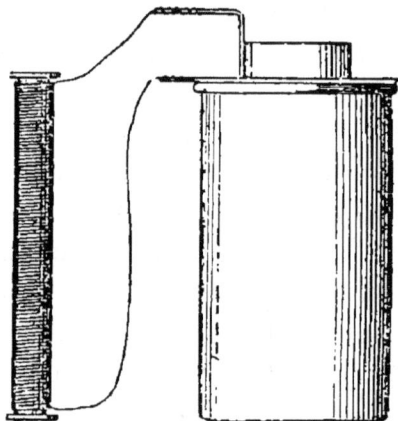

Fig. 69.

en tirer des conséquences favorables dans un pro-
chain avenir.

§ 26. Je ne me suis arrêté, pour le moment du
moins, au protosulfate de fer et au sel ammoniac pour
la composition de ce bain, qu'après avoir vainement
essayé une série d'autres sels. Presque tous les cyanures de ce métal se convertissent en bleu de Prusse
dès l'apparition dans le bain de la lame soluble. J'ai
essayé le cyanure ferroso-ammonique et le chlorure
d'ammonium, le cyanure ferroso-sodique et le chlorhydrate d'ammoniaque et beaucoup d'autres sels qui
m'ont toujours donné un très-beau bleu de Prusse
qui s'attache au vase poreux dans lequel on trempe
la lame soluble.

§ 27. Je crois néanmoins que l'on pourrait avec
avantage substituer au sulfate de fer un des sels de
ce métal combiné avec un acide moins énergique

que l'acide sulfurique, le protochlorure, par exemple, que l'on obtient en faisant dissoudre du fil de fer coupé en petites bottes dans l'acide chlorhydrique. Le savant M. Boëttger assure qu'en employant ce dernier sel dissous dans le chlorhydrate d'ammoniaque et mêlant à la dissolution du sulfate double d'ammoniaque et du protoxyde de fer, la réduction devenait plus facile. Attendu que ce chimiste est pour nous une autorité des plus compétentes, nous adopterons sa formule.

§ 28. Nous terminerons cet article par les recommandations qui suivent : décapage de la lame soluble en fer, opération qui réussit parfaitement en l'abandonnant pendant quelques heures dans une dissolution de cyanure de potassium ; séparation de cette lame de la dissolution par un diaphragme à fine texture et enfin la filtration fréquente du bain.

Sur la précipitation du fer, par M. KLEIN.

§ 29. J'ai fait connaître dès 1848, dans mon *Traité des manipulations électro-chimiques*, le procédé que j'employais pour obtenir de jolis et solides dépôts de fer. Depuis cette époque, plusieurs praticiens se sont occupés de cette partie de l'électro-métallurgie et quelques-uns entre autres avec un rare bonheur de réussite. Je citerai avec plaisir M. Feuquières dont les produits ont émerveillé, à l'exposition de 1867, toutes les personnes que cette question intéresse. Malheureusement je ne suis pas en mesure de décrire le procédé de M. Feuquières, ne le connaissant pas ; mais M. Klein, autre métallurgiste distingué, étant arrivé aux mêmes résultats que M. Feuquières, et ayant

donné connaissance de ses procédés dans une lettre
à l'illustre M. Jacobi, lettre publiée dans le *Bulletin
de la Société d'Encouragement*, mai 1868, page 288,
je m'empresse de faire connaître ces procédés.

Nombreux échantillons ont été présentés par l'auteur à l'Académie des Sciences de Pétersbourg, ils se
composaient de plaques, médailles, médaillons, clichés, etc., tous échantillons délicats et parfaitement
réussis, obtenus par les moyens qui suivent :

L'auteur propose deux catégories de bains comprenant ceux composés de sulfate de fer, et de sulfate ou de chlorure d'ammonium. Il compose d'a-
bord trois bains d'après la formule

$$\text{FeO}, \text{SO}^3 + \text{AmOSO}^3 + 6\,\text{HO},$$

qui ne se distinguent que par leur mode de préparation.

Le premier consiste en une solution concentrée de
cristaux du double sel ci-dessus.

Le second du mélange des solutions concentrées
de chacun de ces deux sels dans les proportions de
leurs équivalents.

La troisième se distingue avantageusement des
deux autres en prenant une solution de sulfate de
fer, précipitant le fer par le carbonate d'ammoniaque
et dissolvant le précipité dans l'acide sulfurique en
évitant tout excès d'acide.

Pour préparer les bains de la seconde catégorie,
on mélange les solutions de chlorure d'ammonium et
de sulfate de fer dans les proportions de leurs équivalents, ou bien on fait dissoudre, dans une solution
de sulfate de fer, autant de chlorure d'ammonium
qu'il en peut prendre à la température de 15° R.

Tous les bains doivent être concentrés et neutres autant qu'il sera possible de les obtenir en cet état.

Comme anode on prend des planches de fer (tôle décapée) huit fois plus grandes que celle du catode en cuivre. En se servant d'un élément de Daniell, il se forme en 24 heures, sur tous les catodes, des dépôts rugueux et pleins de gerçures qui, à la moindre tentative pour les détacher, se cassent en morceaux.

Pour obvier à cet inconvénient, on plonge dans le bain une plaque de cuivre qu'on réunit avec l'anode de fer. Non seulement les bains qui étaient acides redeviennent neutres, mais les dépôts sont beaucoup plus uniformes. Leur couleur est d'un gris mat, ils adhèrent bien au catode sans se boursouffler et sans se gercer, et pour éviter la formation, au bout de quelque temps, de petites cavités qui caractérisent le dépôt de fer, il faut affaiblir la concentration du bain ou augmenter la résistance des parties solides du circuit. Alors les cavités disparaissent entièrement.

Les bains de la seconde catégorie donnent aussi de très-bons résultats lorsqu'on emploie comme anode la combinaison cuivre-fer.

La première couche des dépôts de fer exige des courants plus ou moins forts ou des bains plus ou moins concentrés, suivant qu'il s'agit de produire ces dépôts sur des catodes en cuivre rouge ou en laiton, en plomb ou en alliage des caractères d'imprimerie, ou même sur des catodes en gutta-percha plombaginée. Dans tous les cas, la formation d'un dépôt régulier de fer exige une netteté parfaite de la surface du catode.

Le fer précipité par la pile est dur et cassant. Recuit à la température rouge sombre, il perd de son aigreur et de sa dureté. Recuit au rouge cerise, il devient malléable et se laisse facilement graver. Déposé dans de bonnes conditions et recuit uniformément, il ne présente pas d'ampoules, ne se voile ni se tord. Il ne possède pas de magnétisme permanent, mais reçoit comme le fer tendre le magnétisme de position.

§ 30. *Procédé pour recouvrir les métaux d'aluminium et de ses alliages, par MM. F.-S. Thomas et W.-E. Tilley.*

Cette invention consiste à déposer la base métallique de l'alumine, c'est-à-dire de l'aluminium, à l'aide des courants électriques agissant sur une solution d'alumine préparée, comme on l'expliquera ci-après, avec ou sans autres métaux, et à enduire des métaux avec cet aluminium ou ses alliages.

1° *Solution d'alumine.* — Pour préparer environ 20 litres d'une solution d'alumine propre à cet objet, on dépose environ 2 kilogrammes d'alun du commerce dans un creuset en fer qu'on place sur le feu, et on chauffe jusqu'à ce que cet alun cesse de bouillonner et soit réduit à l'état d'une poudre sèche. On fait chauffer alors 10 litres d'eau dans laquelle on jette l'alun calciné ; on fait bien bouillir le mélange et on y ajoute un kilogramme environ de cyanure de potassium ; on fait bouillir encore une demi-heure, on ajoute 10 autres litres d'eau distillée et 1 kilogramme de cyanure de potassium ; on fait encore bouillir peu de temps et on filtre la solution qui est prête pour former le bain.

2° *Autre solution d'alumine.* — On dissout 2 kilogrammes d'alun dans l'eau et on y ajoute du bitartrate de potasse jusqu'à cessation du précipité ; on jette l'oxyde ainsi produit sur un filtre, on le lave, on le dépose dans un vase en fer, et on y ajoute 10 litres d'eau distillée et 1 kilogramme de cyanure de potassium : on fait bouillir pendant une demiheure ; on ajoute encore 10 litres d'eau et 1 kilogramme de cyanure de potassium : la solution est encore bouillie et filtrée et le bain est prêt à servir.

3° *Autre solution d'alumine.* — On dissout 2 kilogrammes d'alun dans l'eau et on ajoute de l'ammoniaque jusqu'à cessation du précipité, puis on procède comme au n° 2.

4° *Autre solution d'alumine.* — On dissout l'alun dans l'eau et on le précipite par le carbonate de potasse, on filtre et on sèche l'alumine sur une plaque en fer chauffée. On jette dans un creuset en fer 2 kilogrammes de cyanure de potassium, et lorsqu'il est fondu complétement, on y ajoute 500 grammes d'alun desséché, et on fait fondre dans le cyanure. On projette ensuite peu à peu dans le creuset, pour éviter une action trop violente, environ 500 grammes de carbonate de soude ; on fait fondre le tout à la température rouge. On verse dans 20 litres d'eau ; on fait bouillir et la solution est préparée.

Le vase dans lequel on verse le bain peut être en matière quelconque, de préférence le fer ou le grès, et on peut opérer à froid. En général l'opération à froid dans des vases en grès donne des produits plus blancs, et celle à chaud, dans des vases en fer, des produits plus abondants. On suspend les articles dans le bain à des lames de cuivre ou de laiton au pôle zinc de la batterie (pôle négatif), et au pôle positif on

attache une lame de platine ou d'aluminium. Dans
le cas d'un électrode en platine, on maintient la concentration métallique du bain en y suspendant un
sac renfermant de l'alumine que l'on remplit lorsque
celle-ci est dissoute, ou bien on ajoute à propos de
la dissolution d'alumine.

Pour faire fonctionner les bains d'aluminium de
diverses capacités, nous avons employé une batterie
de Bunsen à six éléments, et une batterie de Smée à
dix éléments. Nous avons observé que l'aluminium
se dépose sous des forces diverses, lentement sous
une force faible, mais rapidement et presque instantanément sous une force puissante, et sans oxyder
les autres métaux qui peuvent être présents dans le
bain; on règle donc la batterie comme on le fait ordinairement en galvanoplastie, c'est-à-dire de manière à obtenir un dépôt métallique pur sans oxyde.
La batterie de Smee étant exposée à trop de fluctuations et parfois à une suspension d'action, nous l'a-
vons remplacée par une batterie qui en diffère en ce
que la feuille d'argent platinée est renfermée dans
une cellule poreuse distincte, ce qui empêche l'oxyde
de zinc d'encroûter l'argent platiné, au moins pendant longtemps, et rend la batterie plus constante et
plus durable.

5° Pour déposer un alliage composé d'aluminium
et d'argent, ou d'aluminium, argent et cuivre, on
peut se servir des bains n°ˢ 1, 2 et 3, le dernier de
préférence. Le bain étant mis en train avec un électrode de platine, pour s'assurer que l'aluminium se
dépose, on introduit à la place de cet électrode en
platine, un électrode en argent, et on affaiblit la force
de la batterie afin d'obtenir un dépôt plus blanc et

plus épais. Si on veut incorporer du cuivre, on se
sert d'un électrode d'argent et cuivre fondus et la-
minés ensemble en proportions convenables. Des proportions égales d'argent et de cuivre déposent un
métal très-blanc semblable à l'argent pur. Au-delà
de cette proportion de cuivre, le dépôt devient rougeâtre. On peut introduire dans le bain d'alumine
n° 3, les oxydes d'argent ou d'argent et de cuivre;
mais il vaut mieux travailler sur les électrodes de ces
métaux. Dans ce cas, la force de la batterie doit être
modérée.

6° Pour obtenir un alliage d'aluminium et d'étain,
on prend de préférence le n° 4 et on se sert d'un
électrode en étain. On peut faire fonctionner les
bains avec des batteries de forces diverses; le dépôt
sera plus épais en présence de l'étain, et on recon-
naîtra celle de l'aluminium en ce que le dépôt prend
un beau brunissage que l'étain seul ne peut soutenir.
On entretient le bain en ajoutant de temps à autre
de la solution d'alumine. Quant à l'étain, il est fourni
par l'électrode.

On peut opérer autrement en préparant l'alumine
comme au n° 4, jusqu'à ce que tous les ingrédients
soient fondus; puis, prenant 120 grammes d'étain
métallique qu'on fait dissoudre dans l'eau régale,
précipitant l'oxyde par le bitartrate de potasse, faisant
sécher, ajoutant et faisant fondre dans le bain en
fusion d'alumine pendant une minute, coulant sur
une dalle, jetant dans 20 litres d'eau distillée, et faisant bouillir. On travaille sur ce bain avec un électrode en platine, en alimentant de temps à autre d'é-
tain et d'alumine, ou bien avec un électrode en étain,
cas auquel on n'alimente qu'avec la solution d'alumine.

Pour opérer autrement on prend de l'alun qui après dissolution est précipité par la potasse, la soude ou un composé alcalin ; on peut sécher l'alumine sur une plaque de fer, puis on la fait fondre dans du cyanure de potassium et du carbonate de soude et on ajoute de l'étain au bain en fusion. On coule sur une pierre, on dissout dans l'eau, on fait bouillir et on filtre. On travaille avec ce bain comme avec le précédent et on l'entretient de même.

7° Pour déposer un alliage d'aluminium et de nickel, on prend le bain n° 3 ; on y introduit un électrode en nickel et on entretient avec l'alumine en solution. On peut employer une forte batterie avec les bains de nickel, mais ils précipitent aussi avec des batteries de forces différentes.

Ou bien on introduit dans le bain d'alumine un sac rempli d'oxyde de nickel qu'on prépare en dissolvant ce métal dans l'eau régale et précipitant par le cyano-ferrure de potassium. On lave l'oxyde qu'on peut alors introduire dans le bain. Si on emploie ce bain avec un électrode en platine, il faut l'entretenir avec les deux oxydes. Si l'on se sert d'un électrode en nickel, on alimente seulement avec la solution d'alumine.

Ou bien on prend 120 grammes de nickel, qu'on dissout par l'acide azotique et précipite par le carbonate de potasse ; on introduit l'oxyde ainsi produit dans 2 kilogrammes de carbonate d'ammoniaque et 10 litres d'eau distillée; on ajoute 125 grammes d'alumine préparée comme au n° 3; on fait bouillir dans un vase en fer, on filtre et ce bain, qu'on fait fonctionner avec un électrode en nickel, est près à servir.

8° Pour précipiter de l'aluminium et du cuivre, on dissout l'alun dans l'eau et on précipite, soit par le carbonate de potasse, soit par celui d'ammoniaque; on filtre, on recueille l'alumine qu'on fait sécher sur une plaque de fer; on introduit 2 kilogrammes de cyanure de potassium dans un creuset en fer et quand il est en pleine fusion, on y ajoute 500 grammes d'alumine desséchée et on fait fondre; on ajoute 500 grammes de carbonate de soude et on fait fondre ces ingrédients pendant une minute à la chaleur rouge. On prend alors 500 grammes de sulfate de cuivre qu'on ajoute à l'alumine fondue et on met en fusion; on coule sur une pierre, on fait fondre dans 20 litres d'eau distillée, on chauffe jusqu'à l'ébullition, on filtre et la solution est prête. Cette solution produit un dépôt rouge pourpre où la couleur du cuivre est influencée par l'aluminium. On travaille ce bain avec un électrode en platine ou en cuivre. Dans le premier cas on l'entretient avec les deux oxydes et dans le second avec solution d'alumine seulement.

9° Pour déposer de l'aluminium, du cuivre et du zinc, on prend 250 grammes de sulfate de zinc qu'on fait fondre avec l'alliage d'alumine et cuivre du n° 8 et on prépare le bain comme à ce paragraphe; seulement on s'assure qu'il y a un changement de couleur dans le dépôt qui n'est plus rouge, mais jaune d'or ou de laiton. Si cette teinte n'est pas franche, on ajoute un peu d'oxyde de zinc et du cyanure de potassium. On travaille avec un électrode en laiton et on alimente en solution d'alumine. On obtient des résultats identiques avec des batteries de forces diverses.

10° Pour précipiter un alliage d'aluminium, argent

et étain, on prépare le bain comme au n° 4, excepté qu'on emploie 4 kilogrammes de cyanure de potassium au lieu de 2, on ajoute alors 250 grammes d'étain métallique qu'on dissout dans l'eau régale ; on précipite par le tartre et on fait sécher l'oxyde. On prend alors 125 grammes d'argent qu'on dissout par l'acide azotique précipité par le tartre en lavant l'oxyde avec soin ; on fait fondre du cyanure de potassium dans un pot de fer, on y ajoute l'alumine et le carbonate de potasse comme au n° 4, puis à la liqueur chaude les oxydes d'argent et d'étain. On chauffe quelques minutes, on dissout dans 20 litres d'eau distillée, on fait bouillir et le bain est prêt. On travaille avec un électrode en platine et on alimente en oxyde, ou bien avec un électrode en argent et en étain et on alimente en solution d'alumine. Batterie de force modérée.

11° Pour précipiter de l'aluminium et du fer, on prépare un bain d'alumine comme il a été dit ci-dessus ; on fait dissoudre du sulfate de fer dans l'eau, on précipite par le tartre. On ajoute l'oxyde de fer à la solution d'alumine dans la proportion de 500 grammes pour 20 litres de solution, on fait bouillir et la solution est prête. On travaille avec un électrode en platine et on entretient le bain avec les oxydes.

Si l'aluminium ou ses alliages doivent être obtenus à l'état solide, on peut les déposer, comme on l'a décrit ci-dessus, sur un métal qui fond à une température plus élevée ou plus basse que cet aluminium et ses alliages, ou sur un métal plus dur que le dépôt ; ce dépôt peut ensuite être séparé par une élévation de température ou par le grattage, et l'aluminium et ses alliages obtenus ainsi, être amenés à l'état compact par les procédés connus.

Dans tout ce qui a été exposé précédemment, on a dit qu'on préparait les bains d'alumine avec l'alun du commerce, parce que c'est une matière commode et facile à se procurer; mais on peut obtenir le même résultat avec tous les minerais d'aluminium.

Dépôt de nickel sur divers métaux.

§ 31. MM. Becquerel ont publié il y a huit ans environ, un procédé pour déposer électro-chimiquement le nickel, le cobalt sur des surfaces conductrices de l'électricité. Dans leurs expériences, on faisait usage des doubles sulfates alcalins de ces métaux, mais principalement des doubles sulfates ammoniacaux. Voici quelle était leur manière de procéder avec le nickel.

« On opère avec la dissolution de sulfate de nickel, à laquelle on ajoute de la potasse caustique, de la soude ou de l'ammoniaque, mais principalement le dernier alcali pour saturer l'excès d'acide..... La dissolution ammoniacale de double sulfate de nickel et d'ammoniaque et même celle qui n'est pas ammoniacale, donnent également le nickel métallique; elle reste à la vérité toujours au maximum de concentration en mettant au fond du vase une certaine quantité de double sulfate, mais l'acide sulfurique devenant libre pendant l'action décomposante du courant, on le sature avec de l'ammoniaque. Dans ce dernier cas, la méthode employée est analogue à celle dont on fait usage habituellement pour obtenir un dépôt galvanique de fer métallique. »

M. Isaac Adams, de Boston, a repris les travaux de MM. Becquerel et a cherché à amener le dépôt de nickel au plus haut degré de perfection à l'aide de précautions qui paraissaient intéressantes pour la théorie de ce genre d'applications, en cherchant à montrer combien les moindres impuretés peuvent influer sur l'état des métaux déposés.

Lorsqu'on prépare un bain pour les dépôts galvaniques, tout en cherchant à faire des produits purs, on s'occupe peu et assez généralement sans inconvénient des faibles quantités de soude ou de potasse que les diverses opérations de la fabrication y introduisent. Or, il paraît qu'il convient d'agir autrement avec les bains de nickel. En effet, M. Adams a remarqué que la moindre trace de métal alcalin ou alcalino-terreux est nuisible, et détermine non plus simplement un dépôt de nickel pur, mais en même temps sur l'anode et sur le catode, du peroxyde du même métal, ce qui altère rapidement le bain. Les sels d'ammoniaque n'ayant pas le même inconvénient que ceux des autres bases, M. Adams prépare les bains de chlorure ou de sulfate double de nickel et d'ammoniaque parfaitement purs et on obtient d'excellents résultats. L'opération très-facile du nickelisage peut être aujourd'hui confiée à tout le monde. Le nickel se dépose en couches très-régulières, même quand il est arrivé à une forte épaisseur, sa surface est assez unie pour que la roue chargée de rouge à polir soit seule employée dans le polissage des pièces qui en sont recouvertes.

Mais MM. Becquerel ont répété leurs expériences et ont constaté de nouveau que la potasse ne nuit nullement au dépôt, attendu que des bains de sulfate de potasse ou d'ammoniaque et de nickel additionnés d'ammoniaque pour neutraliser l'acide devenu libre dans le cas où l'on n'emploie point d'électrode, donnent d'excellents résultats.

Procédé d'étamage et de nickelisage des objets en fer (VIVIEN et LEFEBVRE).

§ 32. Parmi les procédés les plus pratiques pour étamer les menus objets comme les épingles, les passe-lacets, les dés à coudre, nous placerons ceux de MM. Vivien et Lefcbvre en première ligne pour la simplicité et la commodité.

Ces messieurs placent dans un vase cylindrique en bois 2 kil.500 des objets en fer ou en acier qu'ils veulent étamer, et versent sur ces objets 7 litres d'eau de rivière froide, et 350 grammes d'acide sulfurique, puis ils bouchent bien le vase et y agitent les pièces en imprimant au vase un mouvement de rotation pendant huit à dix minutes.

Je crois néanmoins qu'avant de les plonger dans ce bain, les inventeurs eussent agi sagement en les dégraissant dans une solution alcaline de potasse.

Après les avoir attaqués par ce bain acide, ils y ajoutent :

Sel de cuisine blanc.	50 gram.
Sublimé corrosif (bichlorure de mercure.	75
Sulfate de nickel bien pur.	2

On peut obtenir un bain plus chargé en forçant les proportions des produits indiquées, et on agite les pièces dans ce nouveau composé comme il est dit. Les pièces soumises à ce bain sont alors recouvertes d'une couche métallique blanche qui n'est autre que du nickel réduit parfaitement adhérent et exempt de solution de continuité, sous la protection duquel le fer est à l'abri de l'oxydation.

Les pièces sont aussitôt après plongées dans l'eau froide. Alors on prépare un autre bain dans une chaudière de cuivre étamé avec les substances suivantes :

Eau de rivière.	50 litres.
Crème de tartre pulvérisée. . . .	75 décagr.
Etain métallique en plaques. . . .	3 kilog.

On fait bouillir le tout pendant 3 heures ; on retire alors les plaques d'étain, on étend dessus les épingles ou autres objets en fer nickélisés, on replonge le tout dans ce dernier bain, qu'on maintient à l'ébullition pendant 2 heures environ. Après ce temps, ces objets sont recouverts d'une double couche métallique blanche, parfaitement adhérente et continue, on les lave à l'eau fraiche, et on les sèche avec de la sciure de bois blanc.

Les objets étamés par le nouveau mode seront sans doute accueillis avec empressement par le commerce, quand on saura que le nickel est un métal d'une ductilité extrême, très-résistant et qu'il possède la propriété de préserver le fer de l'oxydation, à un degré bien supérieur à tous les moyens employés jusqu'à ce jour. D'ailleurs, le nickel présente encore ce double avantage de ne pas colorer les objets, puisqu'il se dépose blanc, ce qui permet d'obtenir un très-bel étamage, même avec une petite quantité d'étain.

Procédé pour cuivrer le fer et la fonte sans pile.
Bronzage.

§ 33. Nous empruntons à M. Weiskopf un procédé de cuivrage qui a une grande analogie avec celui usité chez nos fabricants de ressorts en fil-de-fer pour les sommiers élastiques. Nous le citons néanmoins, quoique nous n'accordions à ce procédé qu'une importance secondaire. Après avoir été décapés par un bain composé de 50 parties d'acide chlorhydrique à 15 degrés Baumé et 1 partie d'acide azotique, les objets sont trempés dans une solution de 10 parties d'acide azotique contenant 10 parties de chlorhydrate de cuivre et 80 parties d'acide chlorhydrique à 15 degrés Baumé. En sortant de ce bain, les pièces sont rincées à l'eau et frottées, dit l'auteur, à l'aide d'un chiffon de laine ou d'une brosse douce. On répète l'immersion dans le bain cuivrique acide et les nettoyages plusieurs fois jusqu'à ce que la couche de cuivre ait acquis l'épaisseur désirée. On parvient de cette manière à cuivrer en tout ou en partie, les objets polis ou bruts, et ce procédé, dit toujours l'auteur, se distingue de beaucoup d'autres par sa simplicité, son bon marché et la solidité de l'enduit.

Si l'on veut donner aux objets cuivrés l'apparence du bronze, on les frotte avec une solution de 4 parties de sel ammoniac, 1 partie d'acide oxalique et 1 partie d'acide acétique dans 30 parties d'eau, procédé qu'on répète jusqu'à ce que l'objet ait acquis la couleur qu'on désire.

§ 34. *Cuivrage du fer et du zinc sans emploi du cyanure de potassium, par MM.* Elsner et Philipp.

Négligeant des considérations sur l'emploi d'un
toxique aussi dangereux que le cyanure de potassium
et portant sur d'autres faits qu'il nous paraît inutile
de faire figurer dans un ouvrage purement pratique,
nous donnerons immédiatement le procédé de ces
messieurs. Voilà comment ils s'expriment :

A. Le cuivrage du fer (fonte et fer forgé) réussit
tout aussi bien qu'avec le cyanure de potassium,
quand on emploie les composés suivants :

1º Le chlorure de potassium, le chlorure de sodium
(sel marin), même le chlorure de calcium avec addition d'ammoniaque caustique liquide.

2º Le mélange d'une dissolution de sulfate de cuivre avec sel marin et ammoniaque liquide.

3º Le tartrate neutre de potasse dont on a rendu
la solution dans l'eau alcaline au moyen du carbonate de potasse.

B. Le cuivrage du zinc ne réussit bien qu'avec
une solution de tartrate neutre de potasse à laquelle
on a donné une réaction alcaline, et quoique les autres sels indiqués sous la rubrique A puissent servir
au cuivrage du zinc, cependant on n'obtient pas avec
eux des résultats aussi avantageux ; le cuivrage prend
une teinte rembrunie, et les objets cuivrés sont fréquemment chargés de taches blanchâtres, qui ne se
présentent jamais quand on fait usage du tartrate de
potasse, ainsi que nous l'expliquerons plus bas.

Tous les composés indiqués ne sont pas vénéneux,
et, par conséquent, on peut les employer sans danger

et sans avoir la crainte qu'on en fasse un emploi coupable, il est facile de se les procurer dans toutes les localités, et ils sont d'une préparation facile. Ils ne se détériorent pas sous l'influence d'une atmosphère humide, et leur prix, comparativement à celui du cyanure de potassium, est très-modique; ils possèdent donc au total, des avantages qui ne se rencontrent pas dans le cyanure de potassium, et comme par leur secours, on obtient un cuivrage aussi bon, leur emploi à la place dudit sel ne peut être que très-avantageux dans cette branche de la chimie technique.

Pour exciter l'action galvanique du courant électrique, nous nous sommes dans tous les cas servis de la batterie constante de Daniell; c'est à dessein que nous avons donné la préférence à cet appareil, parce qu'il est en particulier très-facile à monter, ce qui n'est pas et ne peut même pas être le cas avec la batterie zinc-platine de M. Grove, ou la batterie zinc-charbon de M. Bunsen.

Les procédés spéciaux pour le cuivrage des deux métaux sont les suivants :

A. *Cuivrage du fer*. — Le cuivrage des pièces préalablement bien décapées (les pièces noires ont besoin auparavant d'être chauffées, puis écurées avec du sable) (*sic*) réussit à souhait avec les dissolutions de chlorure de potassium, chlorure de sodium, et le tartrate neutre de potasse, pourvu toutefois qu'on ait égard à une condition particulière dont nous allons immédiatement faire mention.

On prend une quantité d'eau de pluie, ou d'eau bouillie et filtrée suffisante pour couvrir entièrement l'objet qu'on se propose de cuivrer. On en retire cet objet et on y fait fondre un des composés mentionnés ci-dessus, en quantité telle qu'il y ait environ 8 à 10 parties d'eau pour 1 de matière solide ou de sel; on filtre la dissolution et on la reçoit dans un vase de grès, ou dans une capsule en fonte émaillée.

Dans cette dissolution, on introduit alors le fil conducteur en cuivre du pôle zinc, ainsi que celui du pôle cuivre de l'appareil galvanique. Quand on se sert de chlorure de potassium, de sel marin et de chlorure de calcium, on ajoute à la liqueur un peu d'ammoniaque caustique, et quand c'est du tartrate de potasse, un peu de carbonate de cette base. On fixe à l'extrémité du fil de cuivre du pôle cuivre, une plaque mince de cuivre laminé, et c'est à l'extrémité du fil du pôle zinc qu'on assujettit l'objet à cuivrer. La plaque de cuivre doit en partie plonger dans la liqueur, et de même il faut que l'objet soit complétement immergé dans la dissolution.

Dans cet état, on observe, au bout de quelque temps, que la liqueur auparavant limpide, se colore de plus en plus en bleu, que la plaque de cuivre à l'extrémité du pôle positif se dissout et que l'objet commence à se recouvrir d'une pellicule de cuivre mince, délicate et blanchâtre. Cet anode de cuivre est très-promptement corrodé, et on n'a d'autre soin à prendre qu'à débarrasser le sel basique et vert tendre de cuivre qui se forme à sa surface, en la lavant avec un peu d'ammoniaque, afin que le cuivre reste constamment net, et toujours en contact avec la liqueur décomposante. Ce qu'on a de mieux à faire, et ce qui assure le plus de certitude aux résultats, c'est d'opérer à la température moyenne de 15 à 20° C., et de ne pas chauffer la liqueur; il est vrai qu'une élévation de température favorise l'opération, mais on n'obtient point ainsi un cuivrage aussi pur et aussi adhérent.

Plus la couche de cuivre précipité sur l'objet est épaisse, plus elle devient successivement matte, et plus la nuance acquiert d'intensité ; la couleur rouge brique matte de cuivrage, quand on a fait usage de chlorures métalliques, de même que la belle nuance rouge rosée presque matte quand on se sert du tartrate de potasse, servent de mesure pour déterminer si on a obtenu du succès dans l'opération, et si la couche toujours croissante du cuivre qui se dépose a acquis l'épaisseur convenable.

Si les objets aussi bien que les fils auxquels ils sont assujettis, se chargent d'un enduit brun, terne et sans éclat, l'opération ne marche pas régulièrement. Dans ce cas, l'enduit obtenu se laisse facilement enlever avec le doigt, et il arrive fréquemment que cela provient d'un courant galvanique proportionnellement trop puissant pour l'objet à cuivrer. Quand ce cas se présente, il faut retirer la pièce de la liqueur, la frotter avec une brosse, puis la remettre de nouveau en communication avec l'appareil galvanique, mais alors chercher autant que possible à atténuer l'intensité de l'action galvanique, attendu, ainsi que de nombreuses expériences nous l'ont démontré, que le succès de l'opération dépend en particulier et principalement de la production d'un courant galvanique proportionnellement très-faible.

Jamais l'intensité ne doit être assez forte pour développer des bulles gaz hydrogène sur la pièce et sur le fil de l'élément galvanique qui lui est uni ; et dans le cas où l'on verrait se manifester ce phénomène, il faudrait aussitôt chercher à affaiblir l'intensité. C'est à quoi on parvient d'une manière facile et commode par les moyens suivants :

On enlève la lame de cuivre du fil du pôle cuivre, et on laisse simplement plonger le fil dans la liqueur. On étend de beaucoup d'eau la liqueur décomposante, la dissolution de sulfate de cuivre et de sel marin dans la pile à un ou plusieurs éléments de Daniell.

La couleur du cuivrage en devient plus belle, lorsque la dissolution du sulfate cuivrique est presque devenue incolore dans les cellules, c'est-à-dire lorsque presque tout le cuivre en est précipité. Dans ce cas, l'intensité de l'action électrique est très-faible. Alors les pièces qui, par un courant trop énergique, étaient devenues brunes, reprennent une belle couleur pure, aussitôt qu'elles ont été exposées pendant quelque temps à ce courant faible dans la liqueur étendue de beaucoup d'eau, etc., etc.

§ 35. B. *Cuivrage du zinc.* — Tout ce qui a été dit du cuivrage du fer, s'applique au cuivrage du zinc; seulement il faut faire attention, que proportionnellement au volume des pièces à cuivrer, le courant galvanique doit encore être plus faible que lorsqu'il s'agit du cuivrage du fer, etc., etc.

Il n'y a que la dissolution de tartrate de potasse neutre qui donne un bon cuivrage, celle des chlorures alcalins ne fournissent qu'un cuivrage brun foncé, qui se pique plus tard de taches blanches, etc. »

Nous n'en dirons pas davantage de cette longue description de MM. Elsner et Philipp, attendu que nous n'avons trouvé dans ce qui suit aucun élément capable d'apporter un jour nouveau sur l'emploi des sels que ces messieurs préconisent; nous ignorons si la pratique consacrera ces procédés, mais dans tous les cas, nous devons leur savoir gré des efforts qu'ils ont tentés pour substituer à un toxique des plus actifs, des substances inoffensives.

Couverture ou cuivrage des monuments en fonte de fer, fontaines publiques, candélabres, lampadaires, statues, etc.

§ 36. Autrefois, lorsque le sentiment artistique n'était pas encore gangrené par l'esprit d'imitation à tout prix, le marbre et le bronze étaient seuls employés pour la décoration des places publiques, des monuments ; les statues, les fontaines, les colonnes commémoratives, étaient faites de ces riches matières. Aujourd'hui le zinc, la fonte, le stuc, les imitations de marbre, les moulages en plâtre de nos plus beaux spécimens de l'antiquité, éreintés par le papier de verre et empâtés par la peinture des grilles de marchands de vin et de bouchers, voilà ce que nous voyons partout. Toutefois, comme si le fer et le zinc avaient honte de leur origine, ils empruntent au bronze ses plus riches vêtements pour paraître en public. Combien les naïades de la place de la Concorde ont dû souffrir pendant la guerre de sentir leurs belles robes déchirées par les éclats d'obus, et leur chair grise mise à nu !

Ce revêtement de la fonte, qui a pour but de la préserver de l'oxydation et, en même temps, de la parer d'une belle patine, est pratiqué de la manière suivante :

Lorsque les pièces sortent de la fonderie, on a le soin de bien les ébarber, les frotter avec de la ponce afin d'user les grains de la fonte, les aspérités, puis

on les couvre d'une couche de minium ou de céruse
à l'huile. Souvent on donne plusieurs couches de
peinture, cela dépend de l'importance des pièces, des
détails qu'elles comportent, enfin on les revêt d'un
vernis métallique composé d'un véhicule adhésif, et
de poudres métalliques. Le cuivre ne sera donc déposé que sur ce corps préservatif et non sur la fonte
directement, et en voilà la raison. Afin qu'il en fût
ainsi, la chair de la fonte eût dû être préalablement
mise à nu sur tous ses points, et les pièces cuivrées
d'abord dans le bain alcalin, avant de recevoir l'é-
paisse couche qu'elles reçoivent dans le bain acide.

On comprend que ces dispositions sont inapplica-
bles ; d'abord le prix fabuleux auquel s'élèverait la
décortication de morceaux de fonte dont le poids s'é-
lève souvent à plusieurs milliers de kilogrammes ; la
difficulté de les transporter d'un bain dans l'autre,
bien que pour ces gros travaux on ait recours à des
grues faciles à manœuvrer, et tant d'autres obstacles
imprévus ; on a donc dû s'arrêter aux procédés les
plus économiques et les plus faciles à exécuter ; or,
lorsque les pièces ont reçu la préparation conductrice, elles sont, ou portées, ou roulées dans l'étuve
sur un chariot *ad hoc* placé à la portée de la grue sur
un petit railway y conduisant. Puis, lorsqu'elles sont
bien sèches, on les ramène à portée de la grue qui
les enlève et les transporte dans la fosse ou cuve à
décomposition.

§ 37. Pour plus de facilité dans les opérations, on
doit avoir fait pratiquer deux fosses jumelles super-
posées l'une à l'autre, de manière à pouvoir consulter
le travail en déversant le liquide dans la cuve inférieure, et le remontant à l'aide de pompes en gutta-

percha. Ces fosses peuvent être creusées à même le terrain, recouvertes d'abord en briques, puis de plaques de ciment gras de 50 centimètres carrés et 3 centimètres d'épaisseur soudées sur place. Le ciment que l'on fabrique pour cacheter les bouteilles, rendu un peu plus onctueux par une addition de corps gras, est, après la gutta-percha, ce qu'il y a de mieux. Les plaques formant la sole de la fosse pourraient avoir le double d'épaisseur.

Les pièces sont descendues dans la fosse où elles reposent sur de larges chantiers en bois de chêne. Des lames en cuivre enveloppent la statue ou le groupe à distance de 8 à 10 centimètres. Plusieurs batteries viennent concourir à l'œuvre ayant chacune leur part de travail à fournir, et ainsi parvient-on à recouvrir de cuivre les plus grosses pièces.

Lorsque les pièces sont restées une heure ou plus dans le bain, on le vide et on examine si les choses fonctionnent bien, si toutes les parties se recouvrent, surtout les fonds. Dans ce cas on laisse aller l'opération en replaçant le liquide dans la cuve. Dans le cas contraire, si une partie résistait, on la laverait avec une éponge et de l'eau fraîche, on la sécherait en cet endroit à l'aide d'un petit réchaud de peintre en bâtiment, et on appliquerait de nouveau de la poudre métallique ou de la plombagine sur l'endroit rebelle, puis on continue l'opération.

Les candélabres à gaz, les lampadaires sont traités dans de longues cuves étroites qui peuvent être en bois garni de gutta-percha ou d'une forte couche de goudron. On les fait ordinairement porter sur leurs extrémités et disposés de telle façon que l'on puisse les retourner à volonté dans la cuve afin de pouvoir égaliser l'épaisseur de la couche. Nous avons pu voir pendant le siège des fûts de candélabres atteints par les projectiles qui accusaient de notables différences d'épaisseur : tandis que les parties saillantes présentaient une épaisseur respectable d'un fort millimètre, les parties rentrées étaient tellement minces que j'ai pu en déchirer d'assez grands morceaux avec les doigts. Il faut attribuer cette différence à un placement vicieux des lames solubles qui doivent toujours se trouver à même distance sur tous les points de cette pièce, ce que l'on obtient facilement en divisant les lames.

Lorsque les pièces sont suffisamment couvertes, on les sort des cuves, on les lave à grande eau, on les sèche, on enlève les petites excroissances de métal avec des riffloirs de ciseleur, on gratte-boësse, et enfin on les bronze.

Afin que le dépôt soit lisse et d'aspect agréable, il doit se produire lentement, sauf à lui accorder le temps nécessaire. Une trop forte somme d'électricité le rendrait rugueux et nuirait aussi bien à sa qualité qu'à sa beauté.

Sur la coloration des métaux, par M. BECQUEREL, de l'Institut.

§ 38. Depuis les deux communications que j'ai faites touchant la coloration des métaux au moyen des dépôts successifs de peroxyde de plomb, opérée à l'aide de l'électricité voltaïque, je me suis attaché à multiplier les expériences dans le but de remonter aux causes des effets produits et de trouver les procédés les plus simples et en même temps les plus pratiques à l'aide desquels on pût obtenir des teintes uniformes et durables sur des objets de formes diverses, d'un métal quelconque, afin que l'industrie fût à même de se livrer sans difficulté à ce nouvel art. Les résultats auxquels je suis parvenu et qui sont consignés dans le présent mémoire, atteignent, du moins j'ose l'espérer, le but que je me suis proposé ; car je n'ai omis aucun des détails pratiques propres à éclairer l'industrie et à la mettre à même d'assurer le succès de ses opérations.

Le phénomène de coloration électro-chimique produit sur les surfaces métalliques est le même que celui des lames minces recouvrant les surfaces de certains corps et laissant voir par transparence ces mêmes surfaces avec des couleurs dont l'espèce et l'éclat dépendent de l'épaisseur des lames déposées, de la couleur du corps et qui présentent souvent à nos yeux le brillant phénomène des anneaux colorés.

Nobili est le premier qui nous ait fait connaître la production des anneaux colorés sur des lames de métal, au moyen de dépôts produits par l'électricité voltaïque, phénomènes analogues à ceux anciennement obtenus par Priestley avec des décharges successives de batteries électriques. Le physicien anglais avait observé qu'en transmettant à plusieurs reprises ces décharges d'une pointe métallique sur une lame de métal, il en résultait sur cette dernière plusieurs séries d'anneaux colorés qui étaient les mêmes, quelle que fût la direction de la décharge ; c'est-à-dire que l'électricité positive partît de la pointe ou de la lame. On dut en conclure que la coloration dépendait d'une cause agissant également des deux côtés. Les expériences ayant d'abord été faites sur le cuivre et l'acier, métaux qui se colorent en se refroidissant, après avoir été exposés à l'action d'une chaleur aussi forte que celle qui se dégage pendant la décharge, on put croire que telle était la cause de la production des anneaux colorés, mais comme on les obtint également ensuite sur le platine et l'or, on fut obligé d'admettre le transport de la matière même de la pointe qui, en se déposant sur la lame, en couches d'autant plus minces qu'elles s'éloignaient du point central, donnaient naissance à des anneaux colorés, conjecture qui s'est changée en certitude depuis les expériences de M. Fusinieri sur le transport de la matière à travers les substances métalliques par l'effet des décharges, quelle qu'eût été la direction de ces dernières.

Pour avoir une idée bien nette des phénomènes décrits d'abord par Priestley, puis étudiés avec de grands développements par Nobili, en se servant de l'électricité voltaïque et les comparer à ceux dont il va être question dans ce mémoire, je rapporterai les principaux résultats obtenus par les deux physiciens.

Lorsqu'une plaque métallique est soumise à l'action de plusieurs décharges d'une batterie électrique au moyen d'une pointe également de métal, la couleur de la plaque change à une distance considérable autour de la tache centrale, et l'espace entier est recouvert d'un certain nombre d'anneaux concentriques dont chacun présente les belles couleurs du spectre. Plus la pointe est rapprochée de la lame, plus tôt on voit naître les couleurs, et plus aussi les anneaux sont serrés : si la distance est excessivement petite, les couleurs apparaissent à la première décharge, mais alors elles sont confuses.

Le nombre des anneaux augmente en raison du degré de finesse de la pointe; plus celle-ci est émoussée, plus les anneaux sont larges, mais aussi moins ils sont nombreux. Sur une lame d'acier, pour une distance donnée, les couleurs ne se manifestent pas immédiatement autour de la tache centrale; on observe d'abord une zône rouge obscur, puis, après quatre à cinq décharges, en regardant obliquement la surface, on aperçoit un espace circulaire légèrement ombré ou empreint d'une couleur rouge extrêmement faible, se remplissant par degrés d'anneaux colorés et dont les bords deviennent brunâtres, si l'on continue les décharges au-delà du premier espace annulaire qui se dessine d'abord comme une ombre légère et qui est la première nuance de couleurs plus pâles se développant autour du rouge-brun dont se compose la surface intérieure. Les teintes les plus prononcées se montrent d'abord autour de la tache centrale et reculent à mesure que l'on multiplie les explosions pour faire place à de nouvelles couleurs. Après 30 ou 40 décharges on a trois anneaux bien distincts; en continuant, les cercles colorés deviennent moins beaux et moins nets par la raison que le rouge domine et ternit plus ou moins les autres couleurs.

Les anneaux déposés adhèrent suffisamment pour qu'une plume, le doigt même mouillé, ne les altèrent en rien, néanmoins, on peut les enlever avec l'ongle. Les anneaux intérieurs sont plus résistants; toutefois, comme on le voit, *ils ne peuvent résister à un frottement un peu fort.*

Quand les décharges sont trop énergiques et qu'on opère sur l'acier, la surface se corrode et il en résulte des érosions qui nuisent à la netteté des effets produits. Ces érosions n'ont pas lieu sur l'argent, l'étain et le bronze poli. Les anneaux colorés, ainsi que les effets précédemment décrits qui les accompagnent, se montrent sur l'or, l'argent, le cuivre, le bronze, le fer, le plomb et l'étain et toujours quel que soit le sens de la décharge.

Pour obtenir les anneaux colorés au moyen de l'électricité voltaïque, il faut, comme Nobili l'a fait le premier, concentrer le courant venant d'un des pôles de la pile dans un fil de platine dont la pointe seulement plonge dans le liquide à décomposer, tandis que l'autre pôle est en relation avec une lame de métal se trouvant dans le même liquide. Cette lame est placée perpendiculairement à la direction du fil et à environ un millimètre de la pointe. Les effets produits dépendent de la nature de la lame métallique, de son état positif ou négatif et de la nature de la dissolution. On les obtient facilement en peu de secondes avec une pile de forme ordinaire.

Nobili, ayant soumis à l'expérience un grand nombre de dissolutions avec un fil de platine et des lames de platine, d'or, d'argent, d'étain, de bismuth, de cuivre, de laiton, etc. On a obtenu des résultats très-variés dont je vais rapporter les principaux :

Dissolution de sulfate de cuivre.

Lame d'argent positive. — Quatre ou cinq cercles concentriques alternativement clairs et obscurs.

Lame d'argent négative. — Trois petits cercles concentriques, le plus grand et le plus petit d'un rouge foncé, le cercle intermédiaire d'une teinte plus claire.

Lame de laiton positive. — Traces légères de cinq cercles concentriques de la couleur du laiton, les uns plus clairs, les autres moins et alternant ainsi entre eux.

Lame de laiton négative. — Cercles de deux nuances de cuivre métallique alternant comme sur l'argent.

Dissolution de sulfate de zinc.

Lame d'argent positive. — Tache obscure au centre, cercle jaune clair puis un cercle d'un bleu léger, et enfin une belle zône tirant sur le jaune.

Lame de laiton positive. — Cinq petits cercles provenant de cuivre mis à découvert par l'action du courant et présentant deux teintes alternatives, l'une claire, l'autre sombre.

Dissolution de sulfate de manganèse.

Lame d'argent positive. — Cinq cercles concentriques alternativement clairs et foncés, le cinquième plus distinct que les autres, et entouré d'une auréole d'un jaune pâle qui se fond en une teinte violacée. Ces cercles ont de l'analogie avec ceux obtenus avec le sulfate de cuivre.

Dissolution d'acétate de plomb.

Lames d'or et de platine positives. — Iris concentrique composé d'anneaux naissant les uns des autres et se propageant à la manière des ondes.

Lame d'argent positive. — Iris moins direct que sur l'or et le platine.

Dissolution d'acétate de cuivre.

Lames de platine d'or, d'argent, positives. — Rien de remarquable.

Mêmes lames négatives. — Avec l'argent, par exemple, souvent quatre cercles concentriques, qui, exposés à l'air, prennent les teintes suivantes : bleu foncé au centre, puis rouge jaunâtre, bleu moins foncé, et rouge jaunâtre, et présentant une autre nuance que la seconde teinte.

Dissolution d'acétate de potasse.

Lame d'argent positive. — Un cercle au milieu de trois autres de un centimètre de diamètre environné d'un filet d'argent très-brillant auquel succède une auréole de couleurs diverses mais faibles.

Des résultats analogues ont été obtenus par Nobili avec beaucoup d'autres dissolutions, et notamment avec les liquides extraits des corps organiques, tels que les sucs de carotte, d'oignon, de persil, d'ail, de pomme, de raifort, de choux pommé, de feuilles de céleri, de betteraves. Les effets obtenus avec ces liquides sont tellement curieux que je crois devoir en citer quelques-uns.

Suc de carotte. — *Lame d'argent positive.* — Centre obscur entouré de deux cercles, l'un jaunâtre, l'autre verdâtre, puis diverses zônes fortement colorées.

Suc de raifort. — *Argent positif.* — Au centre, un point obscur, autour un petit cercle blanc ; une zône verdâtre, terminée par un cercle bleu ; ensuite, un ou deux cercles d'un beau jaune d'or, et enfin quelques iris assez faibles.

Suc de betterave. — *Argent positif.* — Au centre, un point rouge environné de quatre cercles, le premier jaune, le deuxième bleu, le troisième rouge et le quatrième vert; plus loin deux ou trois beaux iris.

Nobili a tiré de ses expériences les conséquences suivantes :

1° *Il existe une différence entre le mode d'action des deux pôles, relativement à la faculté qu'ils possèdent de se couvrir de matière*, le pôle positif l'emportant néanmoins de beaucoup sur le pôle négatif, surtout à l'égard des matières organiques.

2° En général, l'effet du pôle négatif est augmenté en opérant avec un courant plus intense, ou bien en ajoutant aux sels métalliques un sel à base alcaline.

Le même physicien avait pensé qu'il pourrait bien se faire que les effets de coloration qu'il avait obtenus fussent dus à des dépôts de lames minces, mais il ne s'était pas rendu compte de la nature de ces dépôts. Par exemple, en rapportant ce qui se passe avec un mélange de deux acétates de cuivre et de plomb, il ajoute (*Annales de Chimie et de Physique*, 2e série, tome 34, page 287) :

« Mais si les iris proviennent, comme cela pourrait être, de quelqu'une des substances électro-négatives de la solution qui se déposent en lames minces à la surface de ces deux métaux, pourquoi n'en arriverait-il pas autant avec les autres métaux ? C'est là peut-être une question qui n'est pas indigne d'exercer la sagacité des chimistes. »

Tels sont les résultats généraux obtenus, d'une part, par Priestley, et de l'autre, par Nobili, dans leurs expériences sur la production des anneaux colorés au moyen de l'électricité, et que j'ai cru devoir rapporter, afin de faire connaître l'état de la question concernant la coloration, quand je l'ai reprise sous un point de vue différent de celui de ces deux physiciens. Je reviendrai sur ces résultats après avoir exposé ceux qui font le sujet de ce mémoire.

Pour colorer les métaux suivant la méthode indiquée dans mon premier mémoire et décrite avec plus de détails dans les *Eléments d'électro-chimie* que j'ai publiés récemment, je me sers d'une dissolution plombique alcaline dans laquelle l'oxyde joue le rôle d'élément électro-négatif. Je rappellerai en peu de mots le mode d'expérimentation : La dissolution est mise dans un bocal de verre où se trouve un cylindre de porcelaine dégourdie rempli d'acide nitrique; dans la dissolution plonge l'objet à colorer et dans l'acide une lame de platine, l'objet est mis en communication avec le pôle positif d'un appareil décomposant formé de quelques éléments, et la lame de platine avec le pôle négatif; on peut, et cela est plus facile, supprimer le vase poreux et l'acide nitrique et plonger la lame de platine dans la dissolution alcaline.

Aussitôt que la communication est établie, la surface de l'objet se recouvre de couches minces successives de peroxyde de plomb qui produisent les effets de coloration. L'adhérence de ces couches est aussi grande que celle de l'or sur le cuivre dans la dorure, par la raison que le protoxyde de plomb qui passe à l'état de peroxyde par la réaction de l'oxygène de l'eau et l'or se rendent au pôle qui convient au rôle que chacun de ces corps joue dans la dissolution. Le dépôt de peroxyde peut donc s'effectuer aussi régulièrement sur la surface positive que l'or sur la surface négative, quand on remplit toutes les conditions qui seront indiquées ci-après. Je commencerai par la dissolution de plombate de potasse.

De la composition de la liqueur.

§ 39. La solution alcaline doit être complétement saturée d'oxyde de plomb, sans quoi les couches déposées de peroxyde ne tarderaient pas à se dissoudre dans l'alcali, aussitôt que le courant cesserait de circuler, ou seulement quand il y aurait un ralentissement dans son action chimique. Il est donc nécessaire, quand elle a servi, de la faire bouillir de temps à autre avec un excès de litharge dans un ballon, hors du contact de l'air autant que possible, pour empêcher que la potasse n'absorbe de l'acide carbonique. Quand elle a servi pendant longtemps et qu'elle renferme par conséquent du carbonate de potasse, il faut la faire bouillir avec de la chaux caustique, laisser déposer le carbonate de chaux formé, et filtrer s'il est nécessaire, ou bien décanter la partie claire de la dissolution que l'on verse dans un vase de forme convenable. Cette dissolution doit marquer de 24 à 25° de l'aréomètre de Baumé, car l'expérience a prouvé que cette densité était la plus convenable pour obtenir les meilleurs effets. Quand elle ne sert plus, on la remet dans un ballon que l'on bouche avec soin.

La température de la liqueur doit être celle ambiante, c'est-à-dire qu'elle ne doit pas dépasser 12 à 15 degrés.

Le succès de l'opération dépend de la bonne composition de la liqueur, de sa densité, de sa température, et en outre, comme nous le dirons ci-après, de l'intensité du courant et du parfait nettoyage des pièces. Cette opération est aussi essentielle pour la coloration des métaux que pour la dorure électro-chimique ou par immersion. La présence des corps gras et autres substances non conductrices sur les surfaces métalliques exige ce parfait nettoyage.

§ 40. *De la préparation des surfaces.*

M. Becquerel recommande le décapage des pièces comme pour la dorure et l'argenture avec les mêmes précautions de propreté, il préfère plonger les pièces au sortir du décapage immédiatement dans le bain de coloration que de les passer à la sciure. Les pièces brunies ou polies, pourvu qu'elles soient bien net-toyées, sont celles qui présentent les couleurs les plus vives. La coloration ne se produira pas, lorsqu'il se déposera beaucoup de plomb sur l'électrode négatif, car le protoxyde de plomb n'étant pas peroxydé, sera réduit.

§ 41. *Du procédé de coloration.*

Lorsque l'on soumet à l'action d'un appareil com-posé de quelques couples une dissolution saturée de protoxyde de plomb dans la potasse, au degré de den-sité indiqué, en prenant pour électrode négatif un fil ou une lame de platine, il se dépose immédiate-ment sur celle-ci une couche de peroxyde anhydre de plomb qui augmente peu à peu d'épaisseur en produisant successivement tous les effets de couleur que présentent les anneaux colorés ou les lames minces, si pour compléter le circuit on a pris comme électrodes positifs une lame d'or ou de platine. Aussitôt que la coloration est terminée, il faut retirer la lame colorée de la dissolution plombique et la laver à grande eau, afin d'enlever toute la potasse qui réagirait assez promptement sur le peroxyde pour le transformer en protoxyde qu'elle dissoudrait. La coloration commence d'ordinaire sur les bords des lames, dans les parties les plus éloignées des points d'attache, dans les parties, par conséquent, où l'action chimique du courant est la plus forte. C'est pour ce motif que, sans précautions préalables, il est impossible d'avoir des couleurs uniformes.

Les couches de peroxyde de plomb adhèrent tellement, qu'elles supportent le bruni à la peau et au rouge d'Angleterre, mais non le bruni à la sanguine ou au brunissoir d'acier, ou de corne, par la raison que cette opération ne peut s'appliquer qu'aux substances malléables dont les parties s'étendent sous le brunissoir, propriété que ne possède pas le peroxyde de plomb, qui dès lors doit se détacher de la surface sur laquelle il est disposé quand l'action du brunissoir est suffisamment forte. En outre, l'adhérence du peroxyde est d'autant plus forte que les métaux, du moins leurs oxydes sont plus aptes à former des combinaisons avec ce composé ; cette adhérence est tellement forte quelquefois, que le dépôt résiste assez longtemps à l'action des acides étendus.

Le peroxyde de plomb n'étant pas conducteur de l'électricité, il en résulte que l'épaisseur de la couche qui colore est très-limitée. Avant de faire connaître les différents procédés que nous avons adoptés pour obtenir tous les effets de couleur désirables, je dois indiquer l'ordre que suit la coloration, afin de pouvoir analyser facilement tous ces effets.

§ 42. *Des différents ordres de coloration.*

La coloration obtenue sur les surfaces métalliques par le dépôt de couches successives de peroxyde de plomb, est due, comme je l'ai dit, au phénomène des lames minces qui laissent voir par transparence, quand il n'y a pas d'oxydation, la surface métallique sur laquelle elles sont déposées. Si cette surface est colorée, les couleurs dépendent de l'épaisseur des lames qui se mêlent avec celle qui lui est propre, d'où résultent des effets qui, bien qu'altérant les couleurs des anneaux colorés, ne changent en rien la succession des ordres différents, lesquels ne sont plus alors composés de couleurs simples. Avec l'or, par exemple, il est impossible d'obtenir le bleu, puisque sa couleur jaune, se mêlant au bleu, donne un vert bleuâtre, très-beau à la vérité, mais qui n'est pas le bleu des anneaux colorés. Avec le platine, on arrive au bleu, au bleu outremer, au plus beau bleu que l'on puisse obtenir. Je vais indiquer actuellement comment se succèdent, sur une lame d'or, les couleurs dues au dépôt de couches successives de peroxyde de plomb.

Premier ordre. — Premier ordre des couleurs des anneaux colorés de Newton.

Noir, bleu très-pâle; blanc vif, jaune orangé, rouge.

Premier ordre des couleurs des couches de protoxyde de plomb.

Léger dépôt dont la couleur ne peut être caractérisée, tant elle est fugitive, orangé, orangé foncé, gris perle, tirant sur le verdâtre, le jaune d'or, rouge faible, beau rouge prismatique.

Deuxième ordre. — Deuxième ordre des couleurs des anneaux colorés de Newton.

Pourpre sombre, pourpre, vert pré vif, jaune vif, rose cramoisi.

Deuxième ordre des couleurs des couches de peroxyde de plomb.

Rouge tirant sur le violet, vert bleuâtre, beau vert, jaune, rouge.

Troisième ordre. — Troisième ordre de Newton.

Pourpre bleu, vert pré vif, jaune brillant, rose cramoisi.

Troisième ordre des lames de peroxyde de plomb.

Violet vineux, vert foncé, vert tirant au rouge, les couleurs au-delà prennent de plus en plus un aspect foncé, et enfin on arrive au noir de jayet.

En comparant les couleurs des anneaux colorés de Newton à celles des couches de peroxyde de plomb appartenant à un même ordre, on voit des rapports bien manifestes, puisque à quelques exceptions près, il n'y a de différence que dans les teintes; l'ordre des couleurs se succède en effet assez bien.

Sur le cuivre, on observe les mêmes ordres de couleur, si ce n'est qu'elles ne sont plus mélangées de jaune, mais bien d'une teinte rougeâtre qui leur donne de l'intensité.

Sur l'argent parfaitement poli, on commence par apercevoir une couleur jaune verdâtre, due en partie à l'oxydation de l'argent, puis le jaune, le rouge, le blanc et le vert; ensuite, d'autres couleurs qui deviennent de plus en plus foncées.

Sur le platine, toutes les couleurs précédentes prennent de plus en plus une teinte bleue; aussi celles qui sont bleues ou vert bleuâtre donnent-elles le plus beau bleu, le bleu éclatant de l'outremer.

Sur le fer et surtout sur l'acier, les différents ordres de couleur se montrent avec assez d'intensité; mais, en général, elles sont assombries par la couleur grise du métal. J'ai soumis à l'expérience des métaux exempts de couleur et ceux qui offrent des couleurs foncées. J'examinerai dans un autre mémoire les effets obtenus sur le nickel, le cobalt, etc.

Des diverses dispositions à prendre pour donner des teintes uniformes ou variées aux surfaces.

Pour obtenir des teintes uniformes, il faut disposer l'objet pour que l'action du courant soit la même sur tous les points de la surface, sans quoi il y aurait des parties plus recouvertes de couches de peroxyde que d'autres; de là des couleurs prismatiques ou des teintes plus ou moins variées sur la même surface, ce qui produirait une irisation qui nuirait souvent à l'effet pittoresque. Pour avoir une seule couleur, il faut remplir plusieurs conditions qui dépendent des propriétés chimiques des courants et de l'habileté de l'opérateur.

1º Les dépôts de peroxyde doivent être successifs et extrêmement minces, afin de ne pas passer brusquement d'une couleur à une autre, c'est-à-dire qu'il faut s'arranger pour avoir successivement toutes les teintes d'une même couleur; dans ce cas, on ne court le risque que d'avoir, sur une même surface, des teintes assez rapprochées de cette même couleur. On y parvient en prenant pour électrodes négatifs des fils de platine depuis 1 millimètre jusqu'à 1/10 de millimètre. Chaque fil est introduit dans l'intérieur d'un tube de verre, dont l'une des extrémités est fondue à la lampe et le fil coupé ras à cette extrémité, afin d'avoir, en dehors du tube, une pointe métallique plus ou moins fixe par laquelle le courant débouche. De cette manière, on peut faire circuler dans le liquide un courant produit par une très-petite quantité d'électricité. A l'autre extrémité, le fil est fixé par du mastic, et on lui donne une certaine longueur, afin de le mettre en relation avec le pôle négatif de l'appareil décomposant. On prépare ainsi un certain nombre de tubes, tous en communication avec ce pôle, afin de pouvoir prendre celui qui convient à l'étendue de la surface soumise à l'expérience. L'électrode négatif étant ainsi réduit aux plus petites dimensions possibles, puisqu'il ne peut avoir que la section d'un fil métallique presque microscopique, le dépôt des couches est graduel. Bien entendu qu'il faut enlever de temps à autre le dépôt de plomb qui, du reste, n'est pas considérable quand l'action est lente.

Au lieu d'un tube que j'appellerai *tube électrode*, souvent on en réunit plusieurs semblables en les accolant les uns aux autres, de manière à ce que toutes les pointes soient dans le même plan, ou bien on introduit dans le même tube un certain nombre de fils de platine, en fermant à la lampe l'extrémité par laquelle ils doivent plonger dans la dissolution. On les coupe à une certaine distance du tube, et on les écarte de manière à avoir un véritable pinceau.

2° Les objets communiquent avec le pôle positif de l'appareil décomposant. Quand ils n'ont qu'une étendue de 2 à 3 centimètres, on se borne à les attacher avec un fil de fer ou un fil de cuivre en relation avec ce pôle, ou bien on tient l'objet avec une pince de fer en relation avec l'appareil, en ayant l'attention de limer fréquemment l'intérieur des branches, afin d'enlever le peroxyde déposé qui, n'étant pas conducteur, empêcherait le courant de circuler. Si l'objet a une certaine étendue, il faut multiplier les fils de communication, afin que le courant débouche par un plus grand nombre de points. On peut saisir aussi l'objet avec une griffe en métal en changeant de place, sans quoi les points d'attache ne se coloreraient point. Enfin, plus le nombre des points de contact sera multiplié, plus le dépôt approchera de l'uniformité. S'il s'agit d'une surface carrée de peu d'étendue, on attachera à chaque angle un fil. Si l'étendue est considérable, on fera poser la lame sur deux fils croisés à angle droit passant par le milieu des côtés. Avec un triangle, les trois angles sont mis en relation avec le pôle positif. Avec un cercle, le point d'attache doit être au centre. Enfin, la loi de symétrie, relativement à la position des points de jonction, doit être satisfaite, car c'est le seul moyen de rendre uniforme l'action décomposante du courant.

3° S'il s'agit d'un anneau cylindrique, on placera la pince dans son intérieur, et l'on ouvrira les branches en les tenant écartées avec un coin de bois, ou bien on introduira dans l'intérieur un mandrin conique qui permettra, en l'enfonçant plus ou moins, d'appliquer la pièce sur le mandrin mis en relation avec le pôle positif, et en ayant le soin d'enlever le peroxyde déposé par un moyen que nous indiquerons bientôt. Voilà pour ce qui concerne le mode de communication des objets avec le pôle positif. Je vais indiquer comment on doit opérer avec le tube électrode

pour arriver à l'uniformité ou à la variété des teintes.

Cet électrode ne doit jamais rester en repos, car le
dépôt serait toujours plus abondant dans les points
les plus rapprochés de l'objet. Il est donc indispensable de le promener continuellement au-dessus de
la surface à recouvrir, en le tenant toujours sensiblement à la même distance qui doit être d'autant plus
grande que les objets ont moins de surface. C'est le
seul moyen de rendre égale la distance entre la pointe
métallique et tous les points de la surface, puisque
les lignes obliques diffèrent de moins en moins de la
perpendiculaire. Cette différence est surtout moins
grande à l'égard des creux et des reliefs qui, sans cette
précaution, présenteraient des différences dans leur
coloration. Quand les corps ont de grandes dimensions, il faut écarter davantage la pointe de la surface ; il faut accélérer le mouvement du tube électrode, de manière à porter sans cesse la pointe, s'il
s'agit d'un objet plan, du centre à la périphérie. Il
est des cas où la pointe doit être éloignée de 1 à 2 décimètres de la surface.

On pourrait croire qu'en employant des dissolutions
de plombate de potasse plus ou moins étendues, on
arriverait plus sûrement au but qu'on se propose,
c'est-à-dire à une coloration lente et successive. La
théorie l'indiquait effectivement, mais l'expérience a
prouvé le contraire. Les meilleurs résultats ont été
obtenus avec la dissolution plombique saturée de potasse marquant 24 à 25 degrés de l'aréomètre de
Baumé à la température ordinaire. Avec des dissolutions moins saturées, les couleurs n'ont pas d'éclat,
et sont si lentes à se former qu'il faudrait un temps

considérable pour arriver à toutes les successions de teintes que l'on veut avoir. Le vase dans lequel on opère doit avoir de grandes dimensions dans tous les sens, afin d'être libre dans la manœuvre et de pouvoir écarter les tubes électrodes de la surface des objets autant qu'on le juge convenable, en vue des résultats que l'on veut produire. La forme cylindrique est la plus convenable, parce qu'elle permet d'obtenir une action régulière en promenant le tube électrode appliqué le long de la paroi intérieure. Quand les objets ont de grandes dimensions, le diamètre du vase doit être deux ou trois fois celui des objets.

Pour fixer les idées sur la manière de manœuvrer le tube électrode, je citerai quelques exemples. S'agit-il de couvrir uniformément, non plus la surface supérieure d'une lame carrée, mais les deux surfaces. Après avoir établi un conducteur à chacun des quatre angles, on place horizontalement cette lame dans la dissolution, et l'on promène le tube électrode à une distance convenable des bords, en maintenant constamment la pointe au niveau de la lame et dans le même plan qu'elle, afin que l'action du courant soit la même au-dessus et au-dessous. Si la pièce a de plus grandes dimensions, après y avoir attaché le nombre de conducteurs convenables, le tube électrode simple ne suffit plus. Il faut un tube électrode à plusieurs branches, dont chaque fil vient aboutir à un autre en communication avec le pôle positif de l'appareil décomposant. Je considère d'abord le tube à deux branches, composé de deux tubes électrodes accolés l'un à l'autre, passés dans un bouchon, afin de pouvoir les faire glisser l'un sur l'autre dans le sens de leur longueur. Les deux bouts soudés sont recourbés à angle droit, d'abord à une distance qui doit être égale au moins à la demi largeur de l'objet, puis à peu de distance de l'extrémité, afin de mettre les deux pointes sur la même ligne en regard. La branche terminale peut avoir seulement un demi-centimètre de longueur. La lame est placée entre les deux pointes, chaque surface a la même distance de la pointe en regard. On peut manœuvrer cet appareil de manière à présenter successivement chaque pointe également vis-à-vis tous les points correspondants de chacune des deux surfaces. Comme la longueur de chaque premier coude est égale à un peu plus de la demi-largeur de l'objet pour atteindre tous les points, il suffit de faire tourner tout le système autour de cet objet.

Nous répéterons que l'électrode double ou simple doit être continuellement en mouvement, en ayant soin que chaque pointe soit toujours à égale distance de la surface en regard, sans quoi l'action électro-chimique serait plus forte d'un côté que de l'autre. On remplit cette condition au moyen de la disposition suivante : on fixe sur la paroi supérieure du vase deux petits tubes ou deux baguettes de bois dans une direction parallèle, et l'on place l'objet, si c'est une lame carrée, de manière que deux des côtés soient à égale distance de ses bords. On applique le bord inférieur de la grande courbure du tube supérieur sur l'un des tubes. De cette manière, les deux points sont à égale distance des deux surfaces. Si l'on veut opérer régulièrement sur une surface circulaire, on fait glisser le tube électrode dans l'intérieur d'une spirale horizontale de cuivre, dont le sommet correspond au centre du cercle, et dont tous les points sont également éloignés de la surface supérieure de l'objet.

Veut-on colorer intérieurement une surface hémisphérique, on remplit la capacité de la dissolution, et l'on met le vase en communication avec le pôle positif, en le posant sur une lame de cuivre en relation avec ce même pôle. On immerge le tube électrode de manière à placer la pointe au centre de la section, et on l'y laisse dans une position fixe. Dans ce cas, l'action décomposante du courant est la même sur tous les points de la surface. Avec un vase cylindrique, le tube électrode doit être placé suivant l'axe, et la pointe portée constamment de haut en bas. S'il s'agissait d'une sphère, il faudrait que la pointe fût placée au centre, immobile. On voit que dans tous ces arrangements la loi de symétrie est observée.

Pour être assuré que l'on passe successivement par toutes les teintes intermédiaires, et pouvoir s'arrêter non-seulement à la couleur, mais encore à la teinte que l'on désire avoir, l'immersion du tube électrode ne doit durer que quelques secondes, surtout à l'approche de cette couleur ou de cette teinte. On retire alors la pièce du bain. On juge de l'état de coloration. Mais quand on cesse, il faut immédiatement laver à grande eau et faire tomber sur la pièce un courant d'eau froide, afin d'enlever les moindres quantités de potasse qui ne manqueraient pas d'altérer assez promptement les couleurs.

J'ai à faire connaître maintenant comment il faut opérer pour donner à une surface, ou à une portion de surface, des couleurs différentes ou des teintes d'inégale intensité, comme cela doit avoir lieu pour colorer les pétales ou autres parties d'une fleur. Il faut pour cela partir de ces deux principes, que les dépôts formés sur les lignes terminales sont les plus forts, ainsi que les parties les plus rapprochées de la pointe du tube électrode. Rien n'est plus simple, à l'aide de ces deux principes, et en prenant un certain nombre de fils de communication, d'arriver au but qu'on se propose.

Supposons un cercle représentant la projection horizontale d'une rose, et que l'on veuille colorer en vert la partie centrale, on commence par mettre le tube électrode pendant quelques instants au-dessus de cette partie; la surface se couvrira d'un dépôt qui sera plus fort là que partout ailleurs. Cela fait, on portera le tube bien au-dessus de la première position pour que l'action soit partout uniforme; le vert se produira dans la partie centrale, tandis que les parties latérales rouges auront une teinte d'autant plus uniforme qu'elles s'éloigneront du centre. Si l'on veut la nuancer, on promènera le tube électrode en décrivant sensiblement une spirale qui aboutira au centre. Avec une certaine habitude, on parvient à *peindre* une fleur avec les tubes électrodes, simples ou composés, avec toutes ses nuances; de sorte que ces tubes peuvent être comparés, jusqu'à un certain point, à des pinceaux. La perfection des objets dépend : 1° des connaissances électro-chimiques de l'opérateur; 2° de son adresse; 3° de son talent artistique.

Les objets colorés que j'ai eu l'honneur de mettre sous les yeux de l'Académie, quoique ne réunissant pas toutes les qualités que la coloration électro-chimique présentera un jour, donneront cependant une idée du parti que l'on pourra tirer pour l'industrie de l'art dont j'expose ici les principes généraux. J'omets une foule de détails que l'opérateur trouvera facilement quand il aura acquis une certaine habitude dans les manipulations.

Quand une pièce est manquée, rien n'est plus simple que d'enlever les couches de peroxyde, il faut la plonger pendant quelques instants dans l'acide acétique pour décomposer le peroxyde et dissoudre le protoxyde, brosser la surface, puis laver.

De l'appareil décomposant.

§ 43. Pour obtenir tous les effets qui viennent d'être décrits, il faut employer un appareil décomposant, sensiblement à courant constant pendant toute la durée des opérations. Il doit être d'une manœuvre facile, et je n'ai rien trouvé de mieux que des couples composés d'un cylindre de cuivre d'un décimètre de diamètre, d'un décimètre et demi de hauteur, d'un cylindre plein de zinc de 2 ou 3 centimètres de diamètre qu'on amalgame préalablement et entouré du précédent. Chaque couple est placé dans un bocal cylindrique en verre, et mis en relation avec le suivant au moyen des dispositions connues. La pile est chargée avec de l'eau renfermant environ 1/100 d'acide sulfurique. Six couples suffisent ordinairement pour toutes les opérations. On peut en employer moins, mais les résultats les plus satisfaisants m'ont été donnés avec ce nombre.

De l'altération des couleurs et des moyens de la prévenir.

§ 44. Les couleurs produites par le dépôt des couches minces de peroxyde de plomb s'altèrent-elles plus ou moins promptement à l'air, suivant les métaux sur lesquels elles sont déposées? C'est un point important à examiner pour les applications aux arts. Je vais indiquer les causes qui déterminent cette altération, ainsi que celles qui peuvent l'empêcher ou du moins en atténuer les effets. Les observations que je vais présenter sont relatives à la coloration sur or, parce qu'elle est produite uniquement par les couches successives du peroxyde de plomb non mêlé ou combiné avec d'autres oxydes.

Toutes les causes qui décomposent le peroxyde de plomb altèrent nécessairement cette substance. Ainsi les acides et les alcalis font passer le peroxyde à un état d'oxydation moindre pour se combiner avec le protoxyde. On doit donc éviter de laisser les objets colorés exposés aux émanations acides ou ammoniacales qui, en décomposant le peroxyde de plomb, altéreraient les couleurs. Le seul moyen d'empêcher le contact des émanations acides ou ammoniacales est de placer les objets sous verre, ou bien de recouvrir leur surface d'un vernis transparent résistant, et qui, en s'opposant à l'action des vapeurs, n'altèrent que le moins possible leur couleur. Le choix du vernis est donc d'une grande importance pour la conservation des objets colorés.

J'ai fait à ce sujet un grand nombre d'expériences qu'il est inutile de rapporter ici, pour les qualités de tous les vernis dont je pouvais disposer. Voici les principaux faits observés : le meilleur vernis serait, sans aucun doute, celui qui, étant saturé d'oxygène, n'en enlèverait pas au corps qu'il recouvre. Or, aucun vernis ne possède cette propriété; on est forcé de prendre en conséquence celui qui est le moins altérable à l'air.

On distingue quatre espèces de vernis : 1° vernis à l'alcool ; 2° vernis à l'essence de térébenthine ; 3° vernis à l'huile de lin, et 4° vernis à l'huile de lin lithargirée. Les résines employées pour faire les deux premiers étant ou la gomme laque, ou la gomme copal, les trois premiers vernis ne peuvent convenir, car ce sont ceux qui altèrent le plus les couleurs. Le quatrième les altère aussi, mais moins, surtout quand il est saturé de litharge, parce qu'alors il est moins disposé à réagir sur le peroxyde. Voici la composition de ce vernis : dans un pot vernissé, on met un demi-litre d'huile de lin, de 4 à 8 grammes de litharge en poudre fine, 2 grammes de sulfate de zinc, et l'on chauffe à une chaleur modérée pendant plusieurs heures. Quand la dissolution de l'oxyde de plomb est faite, on filtre pour séparer la litharge excédante. Si l'huile est trop épaissie, on la dissout avec de l'essence de térébenthine qu'on a fait bouillir préalablement dans un ballon sur la litharge pour enlever l'acide succinique qui pourrait s'y trouver, lequel altérerait les couleurs.

Le vernis préparé, on l'étend sur la pièce en couche très-mince avec un pinceau, et on le fait sécher à une douce température. Quand la pièce est très-sèche, on met une seconde couche et l'on fait également sécher. A la première application du vernis, voici les effets que l'on observe : le bleu du second ordre disparaît, de sorte que le vert bleuâtre devient vert-jaune. Le jaune et le rouge changent très-peu. Quant aux couleurs du troisième ordre, surtout le vert foncé, elles restent intactes.

De sorte qu'au moyen du vernis, les pièces sont tout à fait préservées. Quand on veut obtenir et conserver les couleurs du deuxième ordre, à l'exception du vert bleuâtre où vert pré, il faut, dès l'instant qu'on a passé le vert bleuâtre, et que le vert-jaune commence à paraître, s'arrêter, laver, faire sécher, mettre le vernis; alors la couleur est préservée. Il faut dire que ce vernis ne jouissant pas d'une transparence parfaite, puisqu'il est coloré en brun, les couleurs perdent de leur éclat, mais gagnent en solidité. On peut se demander pourquoi les couleurs du troisième ordre sont plus facilement préservées que celles du deuxième, et surtout du premier. On pourrait croire que les couches de peroxyde étant plus épaisses, sont préservées plus facilement; mais alors, la première couche disparaissant, on devrait voir la couche qui précède, ce qui ne paraît pas être. Au surplus, la disparition du bleu du second ordre nous montre une action particulière du vernis, qu'il est bien difficile d'expliquer *à priori*. Je dis *à priori* parce que les couches de peroxyde de plomb sont si minces, qu'on ne peut analyser les effets produits. On ne peut qu'observer ses effets, les décrire en s'appuyant sur les données que la physique et la chimie nous fournissent. MM. Lefranc, habiles fabricants de vernis, ont eu la bonté de me procurer un vernis gras à la gomme copale qui, loin d'altérer le bleu produit sur le cuivre platiné, lui donne, au contraire, plus d'éclat, du moins pour certaines teintes. Ce vernis est le plus résistant que l'on connaisse.

De la coloration des pièces en cuivre, en platine, en argent, maillechort, laiton, en fer ou en acier.

Tous les effets de coloration que je viens de décrire ont été produits sur l'or ou le cuivre doré ; ces effets ont lieu quelle que soit l'étendue des surfaces, mais il n'en est pas de même du laiton et quelquefois du cuivre rouge ; il s'opère au commencement un phénomène dont je ne connais pas bien la cause, quoique je sois parvenu à m'en garantir.

§ 45. *Laiton.* — Quand la pièce est petite (1 ou 2 centimètres de superficie) la coloration s'opère dès que le circuit est fermé, et d'autant plus rapidement que la surface est petite ; mais quand elle est plus grande, la pièce reste brillante pendant plus longtemps, et conserve même son état. La surface se trouve donc dans un état passif analogue à celui qu'on fait acquérir au fer par différents moyens, puisqu'il ne s'opère aucun effet de coloration. Cet état apparent de passivité que présentent également d'autres métaux est-il dû à un simple dépôt d'oxygène sur la surface, ou à une couche d'oxyde de cuivre qui se forme avant la formation du peroxyde de plomb ? les faits qui vont suivre laisseront entrevoir la cause du phénomène. L'état apparent de passivité est indiqué par un dépôt abondant de plomb sur l'électrode négatif, ce qui s'explique facilement, puisqu'il ne se forme pas de peroxyde.

L'expérience ayant appris qu'une très-petite surface se colore immédiatement, il s'ensuit qu'elle acquiert la modification nécessaire pour que le phénomène ait lieu. Cela posé, on peut faire acquérir à de grandes

surfaces de laiton cette modification pour que la coloration s'opère comme sur de petites surfaces. Il faut
pour cela plonger d'abord dans la dissolution alcaline
une petite portion de la surface qui se colore aussitôt,
et continuer à immerger les parties voisines jusqu'à
ce que toute la pièce soit en contact avec le liquide.

La modification qu'acquiert alors la pièce est indiquée par un nuage fugitif qui la recouvre toute entière et dont ou ne peut définir la couleur tant elle
est fugace ; mais ce qu'il y a de particulier et de non
moins étonnant, c'est que la première partie plongée
qui s'est colorée presque entièrement, perd sa couleur et reprend sensiblement celle du métal sans
qu'il soit possible de la recolorer ; une fois le nuage
étendu comme une ombre sur toute la surface, en
très-peu d'instants on voit toutes les phases de la coloration se produire telles qu'elles ont été décrites
précédemment et avec des couleurs qui rivalisent
pour l'éclat avec ce que l'or le plus poli nous a offert
de mieux. Il n'est question bien entendu ici que de
la coloration analogue à celles obtenues sur l'or et le
cuivre doré, et non de la coloration dont les teintes
ont un aspect vineux que l'on obtient sur de grandes
pièces qui restent longtemps en expérience.

Quand on veut colorer une petite pièce ayant de
certaines dimensions, en suivant la marche que je
viens d'indiquer, on la pose sur un plan incliné plongeant dans la dissolution et le long duquel on la fait
descendre lentement. Au moyen de cette disposition,
il n'y a, à chaque instant, en contact avec la liqueur,
qu'une petite portion de la surface non encore soumise à l'action voltaïque. On serait porté à croire, en
raison des effets produits, que si l'on augmentait les

dimensions de l'électrode négatif, on rendrait promptement active une grande surface ; mais il n'en est rien ; car, que cet électrode soit grand ou petit, la surface positive, quand elle a une certaine étendue, reste toujours passive, de sorte que pour la rendre active, il faut suivre la marche que je viens d'indiquer. Quant à la véritable cause du phénomène, je ne l'ai pas encore aperçue ; seulement comme les couleurs sont plus stables sur le laiton que sur l'or, il est probable qu'il se forme une combinaison ou peut-être un mélange d'oxyde de cuivre et de peroxyde de plomb que des recherches ultérieures feront connaître. En attendant, je dirai que parmi les couleurs obtenues, il y a, dans le second ordre, un jaune comparable à celui de l'or, et qui, dans quelques cas même, paraît identique.

§ 45 *bis*. Le cuivre rouge (cuivre pur) prend aussi quelquefois l'état passif, mais moins fréquemment que le laiton.

L'argent n'est jamais passif quand sa surface est préparée en suivant toutes les indications que j'ai données ; mais sa coloration ne ressemble en rien à celle des autres métaux, quoique l'on puisse suivre les différents ordres des anneaux, attendu que ce métal éprouve promptement une oxydation qui donne une teinte jaunâtre vineuse à toutes les couleurs, quand la surface est parfaitement polie, et que le courant n'est pas assez intense pour altérer bien sensiblement l'argent, alors on peut obtenir des couleurs assez vives.

§ 46. Le platine et surtout le cuivre platiné se colorent des plus riches couleurs bleues, que l'art je crois puisse produire. Tout porte à croire que l'oxydation du platine intervient dans la production de ces couleurs, qui seraient le résultat de la combinaison ou du mélange d'un oxyde de platine et de peroxyde de plomb ; c'est un point qui sera ultérieurement traité : bien que le bleu soit la couleur dominante, néanmoins on obtient plusieurs couleurs des diverses séries des anneaux colorés. Les violettes et les bleuets qui se trouvent parmi les objets que j'ai l'honneur de présenter à l'académie montreront, je crois, jusqu'à quel point la couleur bleue dont il est question approche de celle des fleurs naturelles.

Le maillechort, frotté à sec avec de la ponce très-fine et une brosse, se colore très-bien sans que sa surface devienne passive, du moins dans la plupart des cas. Quand sa surface est polie on peut y développer de très-belles couleurs.

L'acier poli se colore facilement quand sa surface a été préparée convenablement. On retrouve les diverses teintes qu'il prend quand on le chauffe, outre les tons qui dépendent des dépôts successifs des couches de peroxyde.

§ 47. *Conclusion.*

Les détails dans lesquels je suis entré, tant sur l'analyse des effets de coloration que sur les moyens pratiqués à l'aide desquels on peut les appliquer à l'industrie, suffisent, je l'espère, pour mettre à même les personnes qui voudront s'en occuper. En terminant je comparerai les effets que j'ai obtenus et observés avec les effets électro-chimiques de Nobili dont j'ai parlé au commencement de ce mémoire, surtout ceux qu'il a obtenus avec l'acétate de plomb, me pro-

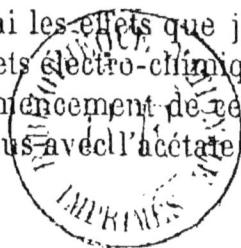

posant d'examiner dans un autre mémoire les effets résultant de la réaction des autres dissolutions. Pour obtenir les anneaux colorés concentriques, plus ou moins rapprochés, sur une lame d'or rendue positive, Nobili avait employé une dissolution neutre ou sensiblement neutre d'acétate de plomb, mais le fait n'a pas été expliqué. Ces anneaux devaient disparaître promptement dès que l'acide acétique devenait libre, cet acide réagissant sur le peroxyde de plomb ; mon mode d'expérimentation et les effets obtenus sont différents. La dissolution que j'emploie est alcaline et ne pourrait être autre, parce qu'il faut que l'oxyde de plomb qui se porte au pôle positif en se peroxydant joue, relativement à la potasse, le rôle d'acide pour que l'adhérence soit aussi forte que possible, ce qui ne saurait avoir lieu en opérant avec l'acétate ou autre sel de plomb, par la raison que l'oxyde se comporte comme base. D'un autre côté on a toujours des anneaux colorés dans les expériences de Nobili, tandis qu'avec mon procédé, on peut obtenir des teintes uniformes, durables et très-adhérentes sur des surfaces d'une certaine étendue. Nobili a cherché les anneaux colorés et moi je les évite. Il n'y a réellement rien entre les résultats de Nobili et mon procédé, qu'en ce que ces résultats sont, les uns et les autres, produits par des lames minces.

Dans un troisième mémoire j'exposerai les effets divers obtenus en opérant sur des lames de cuivre ou d'un autre métal, recouvertes d'une couche métallique ou d'oxyde, afin de montrer jusqu'à quel point on peut varier les effets qui viennent d'être décrits ; enfin je n'omettrai rien de ce qui pourra éclairer le nouvel art dont je cherche à poser les bases.

Coloration des métaux par M. C. PUSCHER, de Nuremberg.

§ 48. 1° *Moyen pour recouvrir galvaniquement les objets en laiton de métal Britannia.* — On sait que le métal Britannia est un alliage d'environ quarante parties d'étain et quinze à vingt d'antimoine auxquelles on ajoute souvent de petites quantités de cuivre et de zinc. Les propriétés que possède cet alliage ont déterminé M. Puscher à rechercher s'il ne serait pas possible d'en revêtir les objets en laiton de la même manière qu'on opère l'étamage par la voie humide. Les essais qui ont présenté des résultats avantageux ont été dirigés de la manière que voici :

Dans un vase en terre bien vernissé, on a fait dissoudre 45 grammes de tartre préparé, 4 grammes de tartrate d'antimoine et de potasse dans un litre d'eau, et à cette dissolution on a ajouté de 45 à 60 gram. d'acide chlorhydrique, 125 gram. d'étain granulé ou mieux pulvérisé, et 30 gram. d'antimoine en poudre. On a chauffé le tout jusqu'à l'ébullition, et on y a plongé les objets en laiton qu'on se proposait d'enduire de métal Britannia. Au bout de quinze à trente minutes d'ébullition, ils se sont trouvés revêtus d'un bel enduit éclatant plus résistant, et par conséquent plus durable que celui ordinaire d'étain.

M. Puscher a ainsi communiqué aux vases en fer un enduit de métal Britannia plus solide et d'un plus bel éclat qu'avec l'étamage ordinaire, s'appliquant comme celui d'étain par la voie humide, et a constaté que l'antimoine, ne coûtant que la moitié de l'étain, il revenait moins cher que l'étamage.

2° *Recouvrir les objets en laiton des belles couleurs d'antimoine.* — L'expérience que l'antimoine se dépose de la manière ci-dessus indiquée avec l'étain sur le laiton a déterminé **M.** Puscher à faire quelques essais avec l'antimoine seul. Il a pris 30 gram. de tartrate d'antimoine et de potasse, 30 gram. de tartre préparé qu'il a fait dissoudre dans un litre d'eau, puis il a ajouté 90 à 120 gram. d'acide chlorhydrique et autant de régule d'antimoine en poudre. Les objets en laiton dans cette liqueur portée à l'ébullition s'y sont recouverts de colorations irisées et brillantes d'abord, couleur d'or, suivie d'un beau rouge de cuivre. Par un plus long séjour dans le bain, la couleur a passé à un violet superbe qui a été enfin suivi d'un gris-bleu. Ces colorations sont persistantes et ne changent point à l'air, et par conséquent pourront recevoir de nombreuses applications dans l'industrie des métaux pour la décoration de certains articles.

§ 49. 3° *Couleurs irisées avec le sulfure d'étain.* — M. Puscher a communiqué l'an dernier un procédé pour obtenir, au moyen des sulfures métalliques, des colorations irisées sur les objets en laiton (Voir le *Technologiste*, t. 30, p. 344). Mais à cette époque il n'avait pas pu parvenir à développer les couleurs avec le sulfure d'étain. Il a donc cherché un procédé différent, et il a réussi à produire, avec ce même composé, diverses couleurs irisées. On fait dissoudre 30 gram. de tartre préparé dans un litre d'eau chaude, on ajoute à cette dissolution 30 gram. de sel d'étain dissous dans 125 gram. d'eau, on chauffe jusqu'au bouillon, et on laisse déposer le précipité qui se forme. On verse alors la liqueur claire lentement et toujours en agitant dans une solution de 80 gram. d'hyposulfite de soude dans 250 gram. d'eau, on chauffe le tout jusqu'à l'ébullition, et par l'action de l'acide tartrique libre sur l'hyposulfite de soude, il se sépare du soufre qui se dépose. La liqueur claire et bouillante qui reste communique au laiton, suivant la durée de l'immersion, les couleurs irisées les plus variées. D'abord on voit apparaître un jaune d'or depuis celui clair jusqu'à celui foncé, puis viennent tous les tons rouges depuis celui du cuivre jusqu'au cramoisi, ensuite un bleu qui varie du bleu foncé au bleu clair, et enfin un brun clair.

Tandis que le sulfure de cuivre qui se sépare de l'hyposulfure de soude offre à peu près les mêmes phénomènes de coloration, le sulfure d'étain, après le bleu clair, passe aussitôt au blanc-gris.

M. Puscher n'a pas encore pu, faute de temps suffisant, s'assurer si ces colorations au sulfure d'étain sont aussi solides que celles aux sulfures de cuivre ou de plomb qui sont bien faciles à produire.

4º *Enduit galvanique de bismuth sur laiton.* — Si à une solution d'azotate de bismuth préparée avec 15 gram. de bismuth, on ajoute 30 gram. de tartre dissous dans un litre d'eau chaude, et 45 à 60 gram. de bismuth en poudre, les objets en laiton qu'on travaille dans cette liqueur bouillante se recouvrent d'un enduit métallique de bismuth élégant, mais qui, à raison du prix élevé de ce métal, ne peuvent pas soutenir la concurrence avec celui préparé avec le métal Britannia. (*Technologiste*, 31ᵉ année, p. 452.)

CHAPITRE VIII.

Dorure, argenture et décoration des cristaux par voie électro-chimique.

Décoration des cristaux de prix par un dépôt d'argent à forte épaisseur, gravé, repercé, guilloché, avec intercalation de reliefs, pierres de couleur, camées, etc.

§ 50. Peut-on voir un objet plus agréable qu'une buire, une aiguière, un hanap, un flacon de forme élégante ou tout autre objet en beau cristal de Bohême, revêtu d'argent poli, doré, gravé à jour, guilloché, dans lequel sont incrustés de jolis masques en relief, en or, argent et même en fer, obtenus par voie électro-chimique; des ornements, de petits cartouches encadrant des camées, des médaillons, des pierres de couleur taillées en oves ou simplement fondues, imitant la turquoise, l'améthiste, le grenat, la cornaline, tranchant sur le fond du vase et rehaussées par un joli collier de sertissure, comme nos artistes savent si bien les exécuter.

J'ai, le premier, offert ces jolis objets d'art et de haute fantaisie aux joailliers de la capitale les plus amateurs de jolies choses. J'en ai expédié dans les principales villes de France et de l'étranger, j'en ai placé sur les étagères des plus grands personnages, et je n'ai renoncé à céder cette charmante spécialité, dont je suis le créateur, qu'à la suite d'une longue et cruelle maladie occasionnée par l'absorption de l'acide cyanhydrique, contre lequel je n'avais pas suffisamment pris de précautions.

Voici quels sont les procédés à suivre pour la création de toutes pièces de cette catégorie parmi les objets d'art.

On commence par dessiner un vase ou autre objet étrusque, grec ou renaissance; on colorie ce dessin pour s'assurer de l'effet qu'il peut rendre; lorsque l'effet est satisfaisant, on en fait une maquette en plâtre que l'on envoie en Bohême ou dans la fabrique de notre regretté Baccarat. Les emprunts pour les formes les plus heureuses sont ceux que l'on peut faire aux créations pleines de grâce des orfèvres de la renaissance, parmi lesquelles je citerai en première ligne Benvenuto Cellini, Virgile Solis, Paul Flintz, véritables génies de l'orfèvrerie de luxe et de goût.

Ces cristaux sont taillés à Paris par d'habiles ouvriers qui, comprenant toute l'importance du travail ultérieur que l'on exécutera sur les pièces qu'ils pré-

parent, apporteront tous leurs soins, toute leur attention à rendre régulières toutes les parties rondes ou
à facettes et à pans. Cette condition est de toute nécessité, un ornement servant de cadre à des sujets
différents devant être répété souvent six à huit fois
sur la même pièce, suivant le nombre de pans et soumis au même calque.

Ces objets étant destinés à être vus par transparence, on aura le soin de choisir des couleurs en harmonie avec l'argent et l'or. Pour ce dernier métal, on
donnera la préférence au beau pourpre pur résultant
de la coloration de la pâte de cristal par le pourpre
de Cassius. On obtient une coloration analogue avec
le protoxyde de cuivre; mais cette substance est loin
de transmettre au cristal cette vivacité, cette pureté
de ton du pourpre de Cassius.

Le beau bleu cobalt peut convenir comme fond
aussi bien à l'or qu'à l'argent. Il en est de même du
violet manganèse. Le noir intense fait un fond déli-
cieux pour l'argent, et réussit à merveille pour flacons et autres objets de deuil, boutons de robes, bro-
ches, bracelets. Le blanc opaque fait un effet charmant avec les ors de couleur et l'argent fortement
oxydé ou le fer.

Le verre n'est pas la seule substance que l'on puisse
décorer dans ce goût, il y a encore la porcelaine, certaine jolie terre anglaise, la terre rouge avec laquelle
les industriels du Levant font de si jolis fourneaux de
chiboucks. J'ai fait, dans le temps où je m'occupais
de ce nouvel art, cadeau à un de mes amis d'une pipe
tunisienne ornée dans le goût oriental, gravée par un
de nos plus adroits artistes, M. Cellier. Cette pipe faisait les délices de tous ces messieurs les amateurs qui

venaient à mon laboratoire. Le fond est, comme on le sait, de couleur rouge cuivre. Sur ce fond apparaissaient en relief et ramolleiés des ornements fortement dorés dont le motif avait été pris sur une décoration alhambra. De ces ornements surgissaient à propos de petites roses et des perles séparées en deux parties, puis des petits grenats, des turquoises, et toutes ces choses, mignonnes et petites, enlacées dans des filaments délicats et de bon goût ; l'ensemble de ces petites perles roses, etc., ne dépassait pas une somme de 35 fr.; la gravure en coûtait 50, et l'argent ou l'or 4 fr. En tout une centaine de francs.

Lorsque l'on est en possession des cristaux, on fabrique des petits manches en bois tendre que l'on in-

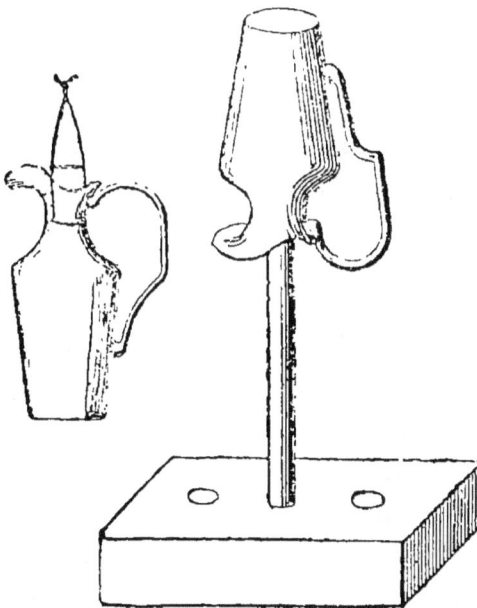

Fig. 70.

troduit dans les vases (fig. 70), afin de pouvoir les tenir facilement à la main et les retourner en tous sens. On les couvre alors de vernis qui n'est autre que le mordant des doreurs. A cet effet, on se munit d'un pinceau en blaireau monté à plat que l'on trempe légèrement dans le vernis de manière à en mettre le moins possible sur le verre. On l'étale bien, on enlève tout excès qui plus tard occasionnerait un vide entre le verre et le métal et gènerait le graveur. En cet état, on introduit le bout de bois qui le suporte dans des trous que l'on aura pratiqués à cet effet dans un plateau de bois que l'on dispose pour ce service, et on les laisse sécher pendant vingt-quatre heures.

Au bout de ce temps, le vernis happe encore assez pour retenir la plombagine que nous préférons, pour ce travail, aux poudres métalliques qui ne donnent jamais un dépôt aussi soyeux. On aura eu soin de vernir l'intérieur de l'orifice du vase sur une profondeur de 7 à 8 millimètres.

Pour étaler la plombagine, on se servira d'un très-gros blaireau que l'on chargera fortement de cette substance, on tamponnera délicatement la pièce sur tous ses points, et on ne lissera avec la fine brosse à chapeau qu'avec la plus grande légèreté, sinon le vernis s'échaufferait et abandonnerait le graphite sous l'action d'une friction trop forte. On n'oubliera pas de plombaginer l'intérieur de l'orifice.

Arrivé à ce point de préparation, on se munit d'un fil de cuivre bien recuit d'un demi-millimètre de diamètre et de 60 à 70 centimètres de longueur que l'on double en deux, et dont on corde les deux extrémités sur une longueur de 7 à 8 centimètres de chaque côté; puis on ouvre le milieu dans lequel on engage le col du vase, et on finit de corder les deux fils de chaque côté jusqu'à ce que le col soit solidement pris. Les

deux extrémités cordées sont courbées en anse au-dessus du vase et réunies. Cette anse nous servira à suspendre le vase dans le bain et à conduire l'électricité.

On dispose alors l'appareil qui doit lui fournir une
pellicule de cuivre. Dans une grande conserve en
verre, on place une lame soluble en cuivre, roulée en
cylindre et suspendue sur les bords du vase par trois
crochets en cuivre ou mieux en platine. Un de ces
crochets correspond avec le pôle cuivre de l'élément
Daniell; tandis que le pôle zinc est lié à une tringle en
laiton qui repose sur les bords du vase.

On place l'objet à couvrir au milieu de la lame soluble. En quelques minutes, il est enveloppé d'une
couche de cuivre inappréciable, tellement mince qu'en
les soumettant au contrôle du bureau de garantie à
la Monnaie, c'est à peine si l'on pouvait constater 4 à
5 millièmes de cuivre. Aussi nos pièces portaient-elles
l'empreinte du poinçon.

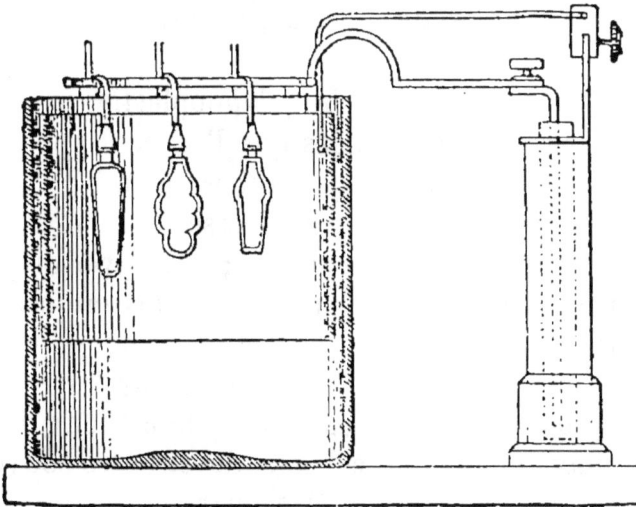

Fig. 71.

Aussitôt enrobé de cuivre, le vase rincé est plongé

dans un autre appareil en tout semblable à celui d'où il sort (fig. 71), mais monté pour l'argent. On aura dû auparavant reconnaître son poids et le noter, puis on l'abandonnera à lui-même. Si la température est convenable, 15 à 16° en deux jours, même avec un faible courant électrique, on peut déposer un millimètre d'excellente matière se laissant parfaitement limer, polir et graver.

Dès qu'ils ont pris la charge nécessaire, un ouvrier habile les lime avec soin sans trop appuyer, évitant d'échauffer le métal de peur de le dilater; puis on dispose un dessin que l'on donne au graveur. Lorsque l'artiste a terminé son œuvre, le vase est doré; puis, sur la dorure, on fait ressortir en blanc, avec l'échoppe, des ornements en rapport avec l'architecture du vase. Il n'est ici question que des pièces unies; mais si l'on veut décorer un verre, un flacon, une buire ou autre objet avec des masques en argent, des cartouches, des pierres de couleur, on procède de la manière suivante :

§ 51. On produit, par la galvanoplastie, les petites têtes en argent, les camées que l'on veut appliquer; on a soin de les munir d'un rebord de 2 à 3 millimètres de largeur. On lime, on dresse ces rebords en les amincissant sur le bord extrême; puis, avec du plâtre fin, on les scelle sur la place qu'ils doivent occuper, après quoi on couvre de vernis ou plutôt d'épargne toute la partie sculptée, n'exceptant que les rebords. On fait de même pour les pierres de couleur, à l'exception cependant que celles-ci devant être couvertes de métal ne doivent pas être épargnées. Lorsque la pièce est ainsi disposée, on la recouvre de mordant comme il est dit précédemment. On doit éviter de passer le pinceau sur le rebord en argent des camées, puis on procède comme il est dit.

Le cuivre enveloppe bientôt le vase (fig. 72), se porte sur le bord des camées, et couvre entièrement les pierres de couleur ; puis vient l'argent à épaisseur qui emprisonne solidement toutes les appliques. Le vase est limé, poli et porté chez le graveur qui découvre les pierres de couleur en ménageant assez la matière pour les laisser solidement prises sous une collerette à laquelle, à l'aide d'une échoppe, il donne l'apparence d'un beau serti.

Fig. 72.

Nous avons, guidé par notre goût, exécuté ainsi une foule de jolis objets. Des verres à pied, des hanaps, des verres d'eau complets, des buires, des aiguières, des encriers, etc., toutes choses très-recherchées et enlevées aussitôt finies. Nous citerons entre autres une paire de burettes pour le pape, un encrier et un beau vase égyptien que nous avons été livrer nous-même à la reine de Naples, au château de Castella-mare.

Les procédés de métallisation des cristaux que nous avons indiqués dans le cours de cet article sont ceux que la pénurie d'autres moyens nous ont suggérés. Nous avions bien à notre disposition l'argenture au feu par la réduction de l'oxyde appliqué à l'essence de térébenthine ; mais ce procédé n'a pu nous réussir, l'argent réduit adhérant tellement au cristal que le graveur ne pouvait détacher ses à-jour sans enlever en même temps un morceau du vase. Mais ce qui manquait alors à notre procédé, l'éclat et le miroitage de l'argent à l'intérieur de nos objets, on peut l'obtenir aujourd'hui, grâce aux procédés savants de MM. Masse, d'une part, et de La Motte Pron, d'autre part. Ces procédés ont une valeur telle que nous ne saurions les passer sous silence.

Voici ce que dit M. Masse :

Le règne organique si fécond en produits nouveaux peu connus encore dans leurs applications, donne à chaque pas des réactions tellement singulières, que l'attention des chimistes est sans cesse tendue vers ces nouvelles transformations qui doivent arriver à constituer des procédés pouvant s'ajouter à ceux si heureusement appliqués jusqu'à ce jour dans le commerce, au point de vue de la réduction électro-chimique des métaux.

Depuis longtemps je cherchais un procédé d'argenture qui, en réunissant les qualités reconnues aux autres moyens, en eût de particulières.

Persuadé que ceux connus jusqu'à présent n'étaient pas les seuls qui pussent faciliter la réduction électro-chimique de l'argent, persuadé encore que les bases combinées à certains acides organiques pouvaient atteindre ce but, j'ai tourné mes recherches de ce côté, et j'ai été amené à la découverte d'un procédé entièrement différent de ceux déjà connus, dont l'application est non-seulement aussi satisfaisante sous le rapport de l'épaisseur et de l'adhérence, mais bien supérieure, en ce sens que des substances non conductrices peuvent, sans aucune préparation, recevoir le dépôt métallique du premier jet, et ouvrir une nouvelle voie à l'électro-chimie.

Il me fallait rejeter tous les sels employés jusqu'à ce jour, et former une nouvelle combinaison qui fût ma propriété et qui conduisit au but que je voulais atteindre. Ce sel, je l'ai trouvé.

Après avoir d'abord essayé l'oxyde d'argent dissous dans l'acide citrique, comme cela a été indiqué, je me suis assuré que ce sel n'était point satisfaisant par sa trop grande réductibilité; mais cependant j'ai reconnu que l'acide citrique, ainsi que certains autres acides organiques combinés avec l'argent, avaient des propriétés particulières et dont on pouvait tirer parti, mais que cependant il fallait combiner à certaines bases pour obtenir un bon résultat.

Ainsi donc j'ai commencé par combiner à l'acide citrique l'ammoniaque et l'argent. A l'aide de ce bain, j'ai obtenu d'assez bons dépôts; mais d'un côté l'instabilité de l'ammoniaque, d'un autre côté sa trop grande conductibilité, suscitaient des difficultés d'opération, et il devenait difficile, commercialement, d'employer ce bain.

Je n'ai point étendu mes recherches sur les bases de soude ou de potasse pour éviter toute difficulté avec ceux qui, à tort ou à raison, s'en prétendent propriétaires. J'ai donc dû les tourner d'un autre côté.

L'expérience, cependant, m'a démontré qu'une base fixe était nécessaire pour assurer la stabilité du bain. Cette base, je l'ai trouvée dans la magnésie.

Ainsi, en combinant l'acide citrique à l'oxyde de magnésium, et en rendant ce sel alcalin par l'ammoniaque, je suis arrivé à un résultat complet facilement applicable. L'alcalinité ne m'est nécessaire que pour faciliter la dissolution de l'oxyde d'argent. Aussi doit-on chasser, après cette dissolution effectuée, l'excès d'ammoniaque.

De cette manière, j'ai un citrate neutre bi-basique de magnésie et d'ammoniaque argentique (ammoniure d'argent).

Les métaux plongés dans ce bain se recouvrent immédiatement d'argent, et la couche augmente d'épaisseur en prolongeant l'immersion en contact avec la pile. Le verre, la porcelaine, la poterie s'argentent ainsi, comme je le disais, peu à peu, et enfin entièrement, et la couche augmente alors d'épaisseur, etc.

§ 53. Et plus loin, M. Masse donne la formule de ses bains :

Je prends 690 grammes d'acide citrique dissous dans deux fois son poids d'eau à chaud que je sature par 320 grammes de chaux. Le citrate formé, je dissous préalablement 294 grammes de sulfate de magnésie dans deux fois son poids d'eau, et je mélange mes deux produits. Je filtre et je concentre à chaud jusqu'à réduction des deux tiers.

La liqueur refroidie, j'y verse de l'ammoniaque jusqu'à réaction alcaline suffisante pour dissoudre l'oxyde d'argent. Je renferme alors dans un flacon le produit qui est le citrate de magnésie ammoniacal, dont je réclame la propriété, appliqué à l'argenture électro-chimique.

Composition du bain de M. Masse.

Je prends 100 grammes d'oxyde d'argent fraîchement préparé et obtenu par les moyens ordinaires, et je verse dessus 1 kilog. de citrate de magnésie ammoniacal, préparé comme il est indiqué ci-dessus ou par d'autres moyens, et que j'ai préalablement fait dissoudre dans trois litres d'eau.

La dissolution opérée, je chauffe mon bain à un feu doux, afin de chasser l'excès d'ammoniaque et d'amener ma liqueur à l'état neutre. Alors je l'étends de deux fois son volume d'eau, et le bain peut servir immédiatement ; mais il est préférable de laisser la combinaison s'effectuer pendant vingt-quatre heures, etc....

La réductibilité de cette solution est tellement grande que si, au lieu d'un métal, on y plonge une feuille de verre bien entourée d'une lame de cuivre, et qu'on soumette à l'action de la pile, on obtient sur le verre un dépôt d'argent métallique miroitant et donnant une glace, etc.

Nous n'avons pas cru nécessaire de donner *in extenso* le texte du brevet de M. Masse, et c'est en raison de la valeur du procédé appliqué à l'argenture du verre, et des efforts faits par ce savant pour se tenir en dehors des voies battues, que nous avons reproduit les considérations qui ont dirigé ses recherches.

Procédé de M. de La Motte Pron.

§ 54. Pour obtenir deux litres de liqueur environ, on prend 2 décilitres d'eau distillée qu'on verse dans un vase en verre plus haut que large, on introduit 20 grammes de fulmi-coton sec, on ajoute en même temps 100 grammes de potasse ou de soude caustique à la chaux ; puis, à l'aide d'une tige en verre, on enfonce le coton dans l'eau. Celui-ci, une fois pénétré, humidifie le sel caustique superposé, et ce sel, à son tour, essentiellement déliquescent, ne tarde pas à se dissoudre en échauffant le liquide qui jaunit dans quelques-unes de ses parties. La chaleur que dégage la potasse, ou la soude caustique en se dissolvant, aide la décomposition, et l'on voit le coton disparaître peu à peu en subissant une véritable réaction. Il se dégage de l'ammoniaque en même temps qu'il y a production très-intense de calorique.

Le liquide est alors fortement coloré en brun foncé ; on le laisse refroidir et on l'étend d'eau distillée jusqu'à concurrence d'un litre.

La coloration s'affaiblit et devient rouge-brun.

Dans cet état, on verse dans la liqueur de l'azotate d'argent ammoniacal préparé ainsi qu'il suit.

§ 56. Dans 120 centimètres cubes d'azotate d'argent en dissolution, provenant d'une solution de 100 grammes d'azotate d'argent dans 2 décilitres d'eau, on verse 120 centimètres cubes d'ammoniaque à 25°. Il se forme d'abord de l'oxyde d'argent qui se redissout peu à peu dans l'excès d'ammoniaque, la liqueur s'éclaircit tout en s'échauffant, et devient entièrement transparente.

Après le refroidissement, on verse, ainsi que nous l'avons dit, cette liqueur dans la première. Une coloration noire se forme immédiatement; de rouge-brun qu'elle était avant, elle vire, en présence du sel argentique ammoniacal, au noir. Il y a déjà réduction. Cette liqueur est alors agitée, puis abandonnée au repos pendant douze heures, après quoi elle peut être employée.

Ce bain pèse 8° au pèse-acide et 9° au pèse-sel. Il doit *métalliser les parois du flacon.*

Après le laps de temps voulu, la liqueur est étendue de nouveau de la moitié de son volume d'eau distillée, soit pour 1,240 centimètres cubes de liqueur neuve, 620 centimètres cubes d'eau, ce qui la porte à 1,800 centimètres cubes en tout.

Pour obtenir une belle lame de plaqué, on argente un morceau de glace bien nettoyé en l'engageant dans une cuvette étroite, une de ses parois touchant la paroi intérieure de la cuvette verticale. A cet effet, on n'a qu'à l'incliner un peu. Puis la liqueur filtrée est versée dans le vase, ensuite on porte le tout dans un bain-marie où on élève la température de 60 à 70° au plus.

De jaune qu'il était, le bain passe au brun, puis au noir. Enfin, après une heure ou plus, on voit apparaître à la surface une pellicule brillante d'argent métallique qui indique que le même effet s'est produit sur la glace.

Dans cet état, la glace possède une couche d'argent métallique très-blanc ayant un reflet, en-dessus, d'albâtre poli. Le côté adhérent au verre est miroitant, d'un éclat très-vif. On le double par un dépôt épais de cuivre, etc.

En faisant l'application de ces procédés à l'argenture des cristaux, non-seulement on sera dispensé de les vernir, les plombaginer, les cuivrer, mais encore on aura un métal plus intimement appliqué au verre et des intérieurs resplendissants de beauté.

Quant à l'épaississement de cette couche, nous conseillons le bain concentré de cyanure double d'argent et de potassium comme plus fixe et plus actif.

Dorure du verre, de la porcelaine, etc., sans le concours de l'électricité, par M. W. Wernicke.

§ 57. On a fait connaître, dans ces dernières années, plusieurs méthodes pour argenter le verre destiné à la fabrication des miroirs optiques, méthodes qui, dans la pratique, ont donné, dans divers cas, de bons résultats. Aujourd'hui, il s'agit, pour affaiblir l'action des rayons lumineux dans les observations du soleil, et suivant la proposition de M. Foucault, d'appliquer une couche mince et translucide d'argent sur les objectifs des télescopes, procédé qui a déjà été appliqué dans plusieurs observatoires. Mais la nature de l'argent s'oppose à ce qu'un miroir métallique ait une longue durée, et ce métal ne tarde pas, à raison des gaz étrangers qui flottent dans l'atmosphère, à perdre tout son éclat.

On a donc cherché à remplacer, pour l'objet indiqué, l'argent par l'or. Mais les méthodes proposées à cet effet, après avoir été soumises à des épreuves, se sont montrées infidèles et peu sûres.

M. J. de Liebig a indiqué un procédé qui consiste à opérer la réduction d'une solution alcaline d'or préparée d'une manière particulière au moyen d'un mélange d'alcool et d'éther. Ce procédé, toutefois, ne réussit pas complétement dans les conditions indiquées, et, par conséquent, comme le déclare M. de Liebig lui-même, il n'a pas été appliqué en grand.

Tout en m'occupant d'expériences optiques, j'ai, depuis quelque temps, trouvé un procédé qui ne manque jamais son effet et qu'on peut toujours appliquer commodément. Pour obtenir sur verre une couche brillante et bien adhérente d'or, on prépare trois solutions qu'on peut conserver longtemps, et que, pour l'usage, il suffit de mélanger dans les rapports déterminés.

1° *Une solution de chlorure d'or dans l'eau renfermant 1 gramme d'or sur* 120 *centimètres cubes.* — On dissout l'or dans la plus petite quantité possible d'eau régale. On évapore au bain-marie l'excès d'acide, et on étend d'eau jusqu'à former 120 centimètres cubes. Un excès d'acide ne nuit pas à l'opération. L'or doit être pur, on doit en séparer l'argent.

2° *Une solution de soude du poids spécifique de* 1,06. — Cette solution n'a pas besoin d'être pure. J'ai fait mes expériences avec une soude ordinaire, rendue caustique par la chaux, qui renfermait du chlore et de l'acide sulfurique avec le même succès qu'avec des lessives chimiquement pures.

3° *Liqueur de réduction.* — On mélange 50 gram. d'acide sulfurique du commerce avec 40 gram. d'alcool et 35 d'eau, et, après addition de 50 gram. de peroxyde de manganèse en poudre fine, on distille au bain-marie, à une douce chaleur, en conduisant les vapeurs dans un flacon chargé de 50 gram. d'eau froide. On distille jusqu'à ce que le volume de l'eau soit doublé. La liqueur qu'on obtient et qui renferme de l'aldéhyde, ainsi qu'un peu d'éther acétique et d'éther formique, est allongée avec 100 centimètres cubes d'alcool et 10 gram. de sucre de canne interverti au moyen de l'acide azotique. Enfin on complète le mélange par une addition d'eau distillée pour faire 500 centimètres cubes. La transformation du sucre s'opère en dissolvant 10 gram. de sucre de canne dans 70 centimètres cubes d'eau, ajoutant à la solution 0 gr.5 d'acide azotique d'une densité de 1,34, et faisant bouillir pendant un quart-d'heure.

Conservée dans des bouteilles bien bouchées, cette liqueur de réduction peut servir plusieurs mois avec le même succès.

Mélangez dans un vase en verre une partie du n° 2 avec quatre de la solution d'or, et on ajoute aussitôt 1/35 ou 1/30 du tout de la liqueur de réduction (coloration en vert par l'or). On met immédiatement en contact avec le verre à dorer. L'or qui s'est séparé s'y dépose par-dessous et non par-dessus.

La rapidité de la dorure est en raison de la température : à $+ 15°$ en trente minutes. Après une heure et demie, il est translucide avec une magnifique couleur verte. Après deux heures et demie à trois heures, il a atteint une épaisseur telle qu'il ne laisse passer qu'une lumière vert foncé intense. A 45°50, réduction en 20 à 25 minutes. Ne pas dépasser 60°.

Quand on opère à chaud, il faut porter la solution alcaline d'or (avant d'y ajouter la liqueur de réduction et de mettre en contact avec le verre à dorer) à la chaleur de l'ébullition. Le miroir est ensuite lavé à l'eau distillée ; on le glisse, la face dorée sur un papier buvard, et on le laisse sécher à l'air et à la température ordinaire.

Le nettoyage du verre doré se fait de la même manière que pour le verre argenté. Il suffit d'un simple lavage à la soude et à l'alcool. On doit bien se garder d'employer de l'acide. (*Technologiste*, 29ᵉ année, p. 520.)

Procédé d'argenture à froid du verre par l'emploi du sucre interverti.

§ 58. Parmi les nombreux procédés d'argenture, celui qui semblait le mieux s'appliquer à la construction des télescopes en verre, est le procédé Drayton. Toutefois ce procédé exigeait une très-grande habileté de la part de l'opérateur, il y avait lieu de rechercher une méthode qui, par sa simplicité et sa sûreté, pût devenir acceptable et populaire.

Après avoir étudié et expérimenté avec soin tous les procédés connus, comme l'aldéhyde, le sucre de lait, le glucosate de chaux, etc., je suis arrivé à en adopter un qui, par la facilité de sa mise en œuvre d'une part, et de l'autre par l'adhérence et la constitution physique de la couche d'argent déposé, me paraît remplir toutes les conditions désirables.

On commence par préparer :

1º Une solution de 10 grammes de nitrate d'argent dans 100 grammes d'eau distillée.

2º Une solution aqueuse d'ammoniaque pure à 13 degrés Cartier.

3º Une solution de 20 grammes de soude caustique pure dans 500 grammes d'eau distillée.

4º Une solution de 25 grammes de sucre blanc ordinaire dans 200 grammes d'eau distillée. On y verse 1 centimètre cube d'acide nitrique à 36º, on fait

bouillir pendant vingt minutes pour produire l'inter-
version, et on complète le volume de 500 centimètres
cubes à l'aide d'eau distillée et de 50 centimètres
cubes d'alcool à 46°.

Ces liqueurs obtenues, on procède à la préparation
du liquide argentifère, on verse dans un flacon 12 centimètres cubes de la solution de nitrate d'argent n° 1,
puis 8 centimètres cubes d'ammoniaque à 13°, n° 2,
enfin 20 centimètres cubes de la dissolution de soude,
n° 3; on complète par 60 centimètres cubes d'eau distillée le volume de 100 centimètres cubes.

Si les proportions ont été bien observées, la liqueur
reste limpide, et une goutte de solution de nitrate
d'argent doit y produire un précipité permanent; on
laisse reposer, dans tous les cas, pendant vingt-quatre
heures, et dès lors la solution peut être employée en
toute sécurité.

La surface à argenter sera bien nettoyée avec un
tampon de coton imprégné de quelques gouttes d'a-
cide nitrique à 36°, puis elle sera lavée à l'eau distillée, égouttée et posée sur cales à la surface d'un
bain composé de la liqueur argentifère ci-dessus indiquée que l'on aura additionnée de un dixième à un
douzième de la solution de sucre interverti, n° 4.

Sous l'influence de la lumière diffuse, le liquide
dans lequel baigne la surface à argenter deviendra
jaune, puis brun, et au bout de 2 à 5 minutes l'argenture envahira toute l'épaisseur désirable, il n'y
aura plus qu'à laver à l'eau ordinaire d'abord, puis
à l'eau distillée, et on laissera sécher le verre à l'air
libre en le posant sur la tranche.

La surface sèche offrira un poli parfait recouvert
d'un léger voile blanchâtre. Sous l'action du moindre

coup de tampon de peau de chamois saupoudré d'une petite quantité de rouge à polir, ce dernier voile disparaîtra et laissera à nu une surface brillante que sa constitution physique rend éminemment propre aux usages de l'optique auxquels elle est destinée.

Ce procédé peut être substitué avec avantage à celui que j'ai décrit pour les cristaux destinés à recevoir une forte couche d'argent, voilà comment on devra procéder :

On disposera un vase cylindrique en gutta-percha de telle façon que le flacon ou le vase que l'on voudra argenter s'y trouve entièrement immergé et sans contact avec le récipient. Le mieux sera de le suspendre à une petite tringle en bois à l'aide d'un fil de cuivre. On devra préalablement réserver l'intérieur s'il s'agit d'une buire ou autre vase dans ce genre et boucher avec un liége si c'est un flacon qui doit être soumis à l'opération.

Le nettoyage devra se faire, non avec de l'acide azotique, mais avec un peu d'alcool, et la raison en est qu'une adhérence par trop intime devient un obstacle pour le graveur lorsqu'il convient de mettre des parties du cristal à jour. Ainsi, ayant tenté de rendre mes flacons conducteurs de l'électricité en réduisant par un feu de moufle, de l'oxyde d'argent dont je les avais recouverts à l'aide d'un vernis, le résultat ne laissa rien à désirer ; comme couverture la couche d'argent réduite par la chaleur était lisse, uniforme, l'intérieur des vases était blanc, brillant, et le métal, déposé plus tard par la pile, était d'autant plus beau que la couche sous-jacente était plus unie. Mais lorsque le graveur voulut détacher des parties d'argent, celles-ci entraînèrent des éclats de cristal. Il est donc important d'éviter cet inconvénient en s'opposant à une adhérence trop intime du verre avec l'argent. La pièce, recouverte d'une pellicule de ce métal par le procédé décrit plus haut, sera continuée par l'action électro-chimique ainsi qu'il a été dit précédemment.

§ 59 *Procédé pour argenter les objets faits de substances animales, végétales ou minérales, sans le secours de l'électricité (de la pile).*

Ce procédé repose sur l'action électro-chimique exercée par certaines liqueurs dans lesquelles on plonge les objets à argenter. Voici le mode de préparation de ces différentes liqueurs :

Liqueur n° 1. — Prendre 2 parties en poids de chaux caustique, 5 de sucre de lait ou de raisin, 2 d'acide gallique et en faire le mélange dans 650 parties d'eau distillée. Filtrer à l'abri de l'air et mettre en bouteille bien bouchée.

Liqueur n° 2. — Faire dissoudre 20 parties de nitrate d'argent dans 20 parties d'ammoniaque liquide, et ajouter à cette solution 650 parties d'eau distillée.

Lorsqu'on doit opérer, on mélange les deux liqueurs précédentes en égales quantités, et, après avoir bien agité, on filtre.

Comme l'ammoniaque liquide qu'on trouve dans le commerce n'a pas toujours le même degré de concentration, il vaudra peut-être mieux dissoudre d'abord le nitrate d'argent destiné à la liqueur n° 2 dans de l'eau distillée ; mélanger ensuite cette solution avec la liqueur n° 1, et, seulement alors, ajouter l'ammoniaque en quantité suffisante pour clarifier entièrement le mélange, en ayant soin, toutefois, de n'y maintenir que l'excès nécessaire pour empêcher l'argent d'être précipité.

Supposons qu'il s'agisse d'argenter de la soie, de la laine, du coton, etc.; on commence par laver la matière pour la nettoyer, cela fait on l'immerge pour un instant dans une solution saturée d'acide gallique, puis on la retire pour la plonger pendant une seconde dans une autre solution formée de 20 parties de nitrate d'argent et de 100 parties d'eau distillée.

Ces immersions alternatives sont continuées jusqu'à ce que la matière, de sombre qu'elle était, prenne une teinte brillante, après quoi on la plonge dans un bain composé du mélange de deux liqueurs, nos 1 et 2. Lorsqu'elle est complétement argentée, on la retire pour la faire bouillir dans une dissolution de sel de tartre dans l'eau, et il ne reste plus qu'à opérer un dernier lavage, et sécher.

L'os, la corne, le bois, le papier, etc., s'argentent de la même manière, avec cette différence, cependant, qu'au lieu des immersions alternatives indiquées ci-dessus, on peut se contenter de passer sur les objets une brosse ou un pinceau que l'on trempe tour à tour dans la solution d'acide gallique et dans celle de nitrate d'argent.

Pour le cuir tanné avec le sumac, au lieu de nitrate d'argent, on pourra employer avec avantage le chlorure mélangé avec quelques gouttes d'huile très-limpide de romarin.

Le stuc et la poterie devront, avant d'être soumis aux diverses opérations, être recouverts d'une couche de stéarine ou de vernis.

Pour argenter le verre, le cristal, la porcelaine, on commencera par laver entièrement l'objet avec de l'eau distillée et de l'alcool, et l'on opèrera comme il a été dit avec le mélange des deux liquides. S'il s'agit de vases, ils pourront être remplis avec le mélange, et s'il s'agit d'objets à surfaces planes, on les placera dans une position horizontale et l'on versera la liqueur sur eux. Cependant, pour argenter les glaces, on peut disposer les tables de verre dans une position verticale, on les place deux par deux et face contre face dans des auges garnies de gutta-percha, en ayant soin d'éviter tout contact avec les parois; puis on remplit les capacités avec le liquide. Un quart-d'heure après la précipitation de l'argent commence, et, au bout de quelques heures l'opération est terminée.

On lave alors les surfaces argentées dans de l'eau distillée, on les fait sécher à l'air libre ou au contact de la chaleur, et on les recouvre en dernier lieu d'une couche de vernis.

On peut accélérer le dépôt de l'argent par l'emploi de la chaleur ; dans ce cas la température dépendra de la nature des objets destinés à subir l'opération, et de leurs dimensions.

Quant aux métaux, on commencera par les nettoyer avec de l'acide nitrique, on les frottera ensuite avec un mélange de cyanure de potassium et de poudre d'argent; puis, après un lavage à l'eau, on les plongera alternativement dans les liqueurs n°s 1 et 2 jusqu'à ce qu'ils se montrent suffisamment argentés. S'il s'agit de fer, on devra d'abord l'immerger dans une solution de sulfate de cuivre.

Le procédé qui vient d'être décrit présente sur tous les autres l'avantage de donner des résultats d'une grande solidité, et de n'employer que des agents chimiques d'un prix peu élevé.

A mon avis, ce système d'argenture peut parfaitement convenir aux substances végétales, animales, au verre, à la porcelaine, mais je préfèrerai, dans tous les cas, la méthode électro-chimique pour les métaux.

Procédé pour argenter le verre, par M. J. Liebig.

§ 60. Voici les rapports numériques du mélange que l'auteur, par une longue série d'expériences, a trouvé les plus avantageux pour préparer les miroirs argentés.

Solution d'argent. — On dissout 1 partie de nitrate d'argent fondu dans 10 parties d'eau distillée.

Solution ammoniacale. — *a.* On neutralise de l'acide nitrique du commerce exempt de chlore par du sesquicarbonate d'ammoniaque, et la solution est étendue jusqu'à ne plus marquer qu'un poids spécifique de 1,115. Pour 37 parties d'acide nitrique de 1,290, il faut employer 14 parties de sesquicarbonate; toutefois, ce rapport n'est pas rigoureusement fixé à raison de la proportion toujours variable de l'ammoniaque dans ce sesquicarbonate.

On peut remplacer avantageusement le nitrate par le sulfate d'ammoniaque.

b. On dissout 242 grammes de sulfate d'ammoniaque dans l'eau et on étend jusqu'au volume de 1,200 centimètres cubes; le poids spécifique de cette dernière solution est de 1,105 à 1,106.

Solution sodique. — La solution de soude se prépare avec du carbonate de soude exempt de chlore, et doit présenter un poids spécifique de 1,050 ; 3 volumes de lessive du poids spécifique de 1,035, ainsi qu'on l'obtient dans la préparation, donnent par leur évaporation 2 volumes d'une lessive de 1,050.

A.   *Mélange argenteur.*

Solution ammoniacale (solution *a* ou *b*). . . . . 100 volumes.
Solution d'argent. 140   —
Solution sodique. 750   —
                                    ___ ___
                                    990 volumes.

Si on se sert du sulfate d'ammoniaque, il faut, dans la solution d'argent, verser celle de ce sulfate, puis aussitôt ajouter la solution de soude par petites portions à la fois ; après ce mélange, la liqueur est trouble, et doit, pour se clarifier, rester au moins trois jours en repos avant d'en faire usage. La solution claire est décantée avec un syphon.

Liqueur de réduction. — *a.* 50 grammes de sucre candi blanc sont dissous dans l'eau pour en former un sirop clair, auquel on ajoute 3 grammes 1 d'acide tartrique ; on fait bouillir pendant une heure, puis la liqueur est étendue d'eau et amenée au volume de 500 centim. cubes.

b. On verse de l'eau sur 2 grammes 857 de tartrate de cuivre, et on y ajoute suffisamment de solution sodique jusqu'à ce que la poudre bleue se dissolve, on étend cette dissolution au volume de 500 c. c.

B.   *Mélange réducteur.*

Solution de sucre (*a*). . . . . 1 volume.

Qu'on mélange à :

Solution de cuivre (b). . . . . . . 1 volume.

Et on ajoute :

Eau. . . . . 8 volumes.

ce qui donne 10 volumes.

C. *Liquide argenteur.*

Mélange argenteur (A). . . . . . 50 volumes.
   — réducteur (B). 10   —
Eau. . . . . 250 à 300 vol.

Pour argenter, les verres sont disposés dans des caisses alternativement par deux et verticalement; le liquide argenteur (A) étendu d'eau est dans un vase particulier, mélangé aussitôt au liquide réducteur, et on remplit les caisses. En hiver, il est à propos de se servir d'eau chaude, de façon que la température s'élève de 20 à 28° centigrades.

Les verres pour l'optique doivent être placés dans une position horizontale, de façon à toucher la surface du bain; la surface argentée doit être translucide, d'une couleur bleue et brillante, et adhérer avec assez de force pour ne pas être enlevée par le frottement.

Ce mode d'argenture convient à la fabrication des miroirs dont les frais de fabrication ne dépassent pas ceux des sortes communes de miroirs (miroirs d'usuriers de Nuremberg). Des essais faits avec soin ont démontré qu'avec ces mélanges on peut très-bien fabriquer une glace qui, sur 1 mètre carré, n'emploie pas plus de 3 à 3,5 grammes d'argent.

Sans addition de cuivre, on n'obtient pas de succès, et M. Liebig ne se croit pas en mesure de pré-

senter une explication de ce fait. Il est facile de comparer l'action de ce mélange du cuivre, quand on ajoute une solution très-étendue exempte de cuivre dans un tube en verre à la solution du sucre, et qu'on laisse en repos; le dépôt d'argent est alors taché de blanc et spongieux, mais s'il y a une trace de cuivre, ce dépôt est brillant, miroitant et sans défaut; avec une addition plus forte de cuivre, il ne dépose presque pas d'argent. Il y a dans ce phénomène des actions d'attraction en jeu qui échappent encore aux considérations théoriques. Il convient donc de donner au bain telle nature ou composition que les particules liquides aient moins d'attraction pour l'argent que les particules du verre. Si l'attraction des particules liquides est dominante, il ne se dépose rien sur le verre.

Cet article extrait du *Technologiste*, 29ᵉ année, est tiré d'*Annalen der chemie und pharmacie*, p. 257.

Autre procédé d'argenture du verre, par M. BOTHE, *de Saarbrük.*

§ 61. Le nouveau procédé de cet inventeur consiste en l'emploi d'un sel d'argent qu'il réduit par un nouvel acide organique, auquel il donne le nom d'acide oxytartrique qu'il prépare en agitant du tartrate d'argent récemment préparé, et jusqu'à dissolution complète dans une suffisante quantité d'eau bouillante. Cette dissolution refroidie est douée de propriétés très-énergiques de réduction.

•M. Boëttger qui a fait des expériences sur ce procédé de réduction de l'argent, propose de l'appliquer à l'argenture du verre en procédant comme il suit:

Liquide réducteur : On dissout 4 grammes d'azotate d'argent fondu dans 30 grammes d'eau distillée. D'autre part, on dissout 3 grammes de tartrate de soude et de potasse dans 30 grammes d'eau distillée, et on verse peu à peu et toujours en agitant la solution d'argent dans celle de tartrate. On porte le mélange à une violente ébullition que l'on soutient pendant 5 à 10 minutes, on laisse refroidir et on filtre.

Liqueur d'argenture : On la prépare en dissolvant 4 grammes d'azotate d'argent fondu dans 30 grammes d'eau distillée, et versant dans cette dissolution et goutte à goutte de l'ammoniaque liquide jusqu'à dissolution du précipité. Comme un excès d'ammoniaque nuirait à l'opération, en ce que cet excès pourrait réagir sur l'argent du liquide réducteur, je me permettrai de recommander d'ajouter 1 gramme d'argent (nitrate) et d'arrêter l'addition de l'ammoniaque avant que le précipité soit complétement dissous. On étendra ensuite la dissolution de 500 grammes d'eau et on filtrera.

Pour faire usage de ces préparations, on mélangera à volumes égaux le liquide réducteur et le liquide argenteur. S'il s'agit d'une glace, on prend une planche de gutta-percha plus grande que la glace de 3 à 4 centimètres de chaque côté, dont on relève les bords à angle droit à l'aide de l'eau chaude ; de cette manière on formera une cuvette dans laquelle on placera la glace après l'avoir bien décapée avec un tampon imprégné d'alcool et de tripoli, puis on la couvrira d'une couche du liquide de 12 à 15 millimètres de hauteur. L'argent étant épuisé, on verse la liqueur qui le contenait dans un vase quelconque où elle sera traitée par l'acide chlorhydrique pour extraire ce qu'elle pourrait retenir d'argent, et on en versera de nouveau une couche qui à son tour déposera une nouvelle quantité d'argent, et ainsi de suite jusqu'à ce que l'on trouve l'épaisseur suffisante.

Nous recommanderons pour arriver à une réussite certaine d'opérer le mélange par fraction et au moment même de le verser pour épaissir la couche. Sans cette précaution indispensable, le liquide réducteur aurait le temps de dépouiller la liqueur de son métal.

Lorsque la glace est suffisamment couverte, on protége l'argent réduit par une couche de vernis composé d'asphalte dissous dans le benzole.

§ 62. J'ai mis ce procédé à profit pour produire des planches pour la gravure (imitation de gravures sur bois), et voilà comment je m'y suis pris :

L'argent étant déposé sur la glace, je trace avec un style d'acier un dessin quelconque; les tailles doivent arriver sur le verre et le mettre à nu. Je sulfure l'argent par une immersion dans l'hydrosulfate d'ammoniaque, puis je soumets la glace à l'action d'un courant galvanique dans une cuve à réduction remplie d'une dissolution de sulfate de cuivre. Dans le premier moment de l'opération, l'argent seul se couvre de métal, mais bientôt le cuivre envahit les tailles et descend jusque sur le verre. Bientôt la surface tout entière est couverte d'une couche uniforme de cuivre sur laquelle le dessin apparaît encore en creux, mais au fur et à mesure que la couche de cuivre augmente, il finit par disparaître.

Lorsque l'on juge que le dépôt de cuivre est assez épais, on retire la glace du bain, on la rince et on la sèche. Si on regarde alors du côté où le verre n'a reçu aucun dépôt, on voit au travers tout le dessin apparaître en rouge rosé et brillant. Alors avec une lime neuve, on attaque vivement les rebords, puis on engage sur un coin une mince lame de couteau qui décolle l'épreuve de cuivre en respectant l'argent qui reste sur le verre.

Je dépose alors mon épreuve dans une cuvette plate dont les bords rodés et enduits d'un corps gras, suif, etc., permettent de la boucher hermétiquement avec une glace. Je verse dans cette cuvette une faible dissolution de cyanure de potassium qui dissout le peu de sulfure de cuivre qui s'est formé au contact de l'argent sulfuré, et l'épreuve apparaît nette et propre avec le dessin en relief parfaitement apparent.

Si je ne trouve pas le relief suffisant, je couvre le dessin d'un vernis à l'aide d'un rouleau de lithographe, et lorsque le vernis est bien sec, je descends les fonds à l'aide de la pile, en la suspendant au charbon ou au cuivre de l'élément, en présence d'une autre plaque.

Argenture des glaces (PELOUZE et FREMY).

§ 63. Comme on a pu le voir par ce qui a déjà été dit, de nombreuses et savantes recherches ont été faites pour argenter le verre et substituer ce métal à l'amalgame d'étain. Plusieurs chimistes distingués, parmi lesquels M. Liebig et Boëttger, en Allemagne, M. Drayton, en Angleterre, se sont préoccupés de ce sujet, et depuis quelques années nous possédons à Paris une usine où cette argenture est traitée sur une grande échelle.

Les procédés usités pour arriver à ces résultats sont les suivants :

1° On place 40 gram. d'azotate d'argent dans une capsule en porcelaine, et on y verse 80 gram. d'eau distillée ; puis on ajoute 1 gr.5 d'un liquide composé de vingt-cinq parties d'eau distillée, dix parties de sous-carbonate d'ammoniaque, et dix parties d'ammoniaque à 13° de l'aréomètre ;

2° 2 grammes d'ammoniaque à 13° ;

3° 120 gram. d'alcool à 36°.

Afin de lui laisser le temps de s'éclaircir, la liqueur est abandonnée au repos. Alors on la décante, on la filtre, et on y verse une goutte d'esprit de cassia par gramme de liqueur (l'esprit de cassia est un mélange à parties égales d'alcool à 36° et d'huile essentielle de *Laurus cassia*). On agite le mélange et on le filtre au bout de quelques heures avant de le verser sur la glace qui doit être argentée ; on y ajoute 1/78 d'esprit de girofle (dissolution de cent parties d'essence de girofle dans trois cents parties d'alcool à 36°).

La glace sera avant tout nettoyée avec de l'alcool et du tripoli, bien essuyée avec un tampon de coton, et séchée à la température de 35 à 36°.

Le liquide argenteur est alors versé sur la glace qui est transportée dans une pièce chauffée à 40° où se fait cette opération.

L'argent abandonne la dissolution pour se précipiter sur la glace où, après deux ou trois heures, la couche métallique a acquis l'épaisseur nécessaire. On enlève alors l'excès de liqueur que l'on met en réserve pour de nouvelles opérations dans un lieu frais.

La couche métallique est lavée, rincée à plusieurs eaux, puis séchée et enduite d'un vernis protecteur.

On a indiqué récemment, pour argenter les glaces, un procédé fort simple qui consiste à laisser, pendant deux ou trois jours, en contact avec la glace, une liqueur formée d'un mélange de :

Ammoniaque . . . . 30 gram.
Azotate d'argent. . . . . 60 —
Alcool. . . . . 90 —
Eau. . . . . 90 —

Et d'une dissolution de :

Glucose, dans un demi-litre d'alcool. 15 —

étendu de la même quantité d'eau. (MM. Thomson et Mellish.)

Gravure sur verre relevée par voie électro-métallurgique.

§ 64. Il y a quelques années, en faisant des essais pour fixer sur glace une image photographique au charbon par le procédé de M. Poitevin, et la reproduire en relief, j'eus recours à une dissolution aqueuse d'acide fluorhydrique qui me donna d'assez bons résultats. J'étais en assez bonne voie de ces expériences, lorsque j'en fus malheureusement distrait par les nécessités d'un déplacement. Néanmoins, mes expériences ne furent pas infructueuses, car je pus me convaincre qu'avec de la persévérance, on pourrait arriver à résoudre ce problème, à savoir qu'un négatif étant donné, on pouvait en retirer une positive gravée sur verre.

Voici quelles furent les phases de ces tentatives que j'espère amener à bonne fin :

1° Une impression par la lumière à l'aide du persel de fer de M. Poitevin ;

2º Apparition de l'image par l'application d'un oxyde d'or ou d'argent en poudre très-divisée;

3º Réduction de l'oxyde par un corps combustible (à l'aide du moufle) réducteur fixant la poudre métallique;

4º Morsure du verre par une dissolution dans l'eau d'acide fluorhydrique;

5º Et enfin reproduction en creux et en relief de la gravure sur verre.

On voit du premier coup-d'œil où pourrait conduire un tel résultat. Ce serait la réalisation de ce beau rêve : imprimer un produit photographique quelconque.

Si je n'ai pas encore réussi d'une façon victorieuse, je le répète, je suis en très-bon chemin, et j'espère sous peu arriver à un résultat définitif. En attendant, j'ai déjà obtenu de belles épreuves imitant la gravure sur bois en relevant sur verre gravé par l'acide fluorhydrique, et recouvert d'argent, par la méthode de M. Boëttger, des dessins, des vignettes, des cartouches, etc., en appliquant une forte épaisseur de cuivre (3 millimètres) sur l'argent.

Autre procédé d'argenture du verre.

§ 65. J'ai voulu me rendre compte du procédé de M. Liebig, non pas que je doutasse de sa valeur, mais au point de vue de la présence indispensable du cuivre. Considérant comme article de foi tout ce qui émane de l'illustre chimiste allemand, je me suis servi de petites pièces de 20 cent. alliées de 10 p. 100 de cuivre. Le nitrate n'a pas été fondu dans la crainte de séparer le cuivre à l'état d'oxyde, mais seulement évaporé à siccité dans un état voisin de la fusion.

L'acide nitrique avait été débarrassé du peu de chlore qu'il contenait par quelques cristaux d'azotate d'argent, puis redistillé.

La dissolution d'azotate d'argent impur a été neutralisée par de l'ammoniaque liquide à 22°, et le précipité redissous par un excès de cet alcali. Enfin la dissolution de soude, la liqueur de réduction, et toutes les préparations indiquées par M. Liebig ont été traitées avec la plus scrupuleuse attention, et m'ont donné le résultat que j'en attendais.

L'idée me vint alors de substituer à la solution sodique une dissolution d'acide citrique. A peine les deux dissolutions furent-elles en présence et légèrement chauffées, que je vis l'argent se réduire sur les bords de la capsule et couvrir le liquide sous forme de voile métallique. En continuant de chauffer, la capsule se couvrit d'argent, une baguette en verre trempée dans la liqueur s'y argentait dès qu'elle avait pris la température du bain.

L'acide tartrique substitué à l'acide citrique produisit exactement les mêmes effets que j'attribuais, d'après la note de M. Liebig, à la présence du cuivre. Toutefois, je ne pus résister à la tentation de faire quelques essais avec de l'argent pur.

Je préparai donc du nitrate d'argent exempt de traces de cuivre que je traitai par l'ammoniaque en excès, et que je mêlai aux dissolutions d'acide citrique d'un côté, et d'acide tartrique de l'autre. A ma grande surprise, les résultats furent identiques.

Ne pourrait-on, dans ce cas, attribuer l'action du cuivre, non définie dans le procédé de M. Liebig, à la présence du sucre candi? Je me propose de continuer mes expériences sur ce sujet par l'emploi de différents agents réducteurs, tels que l'acide gallique, pyrogallique ou autres.

De ces expériences, il résulte que l'on peut parfaitement argenter le verre ou la porcelaine en employant l'azotate d'argent pur ou allié, fondu ou seulement évaporé à siccité, et dissous dans l'ammoniaque liquide, additionné d'acide citrique ou préférablement tartrique, à l'aide de la chaleur.

On pourrait employer ce procédé pour argenter ces boules de verre dont on a fait un objet de décoration pour les jardins.

Dorure brillante sur porcelaine, grès, verre, etc.
(DUTERTRE frères).

Dans un mélange de 256 grammes d'acide azotique et 256 grammes d'acide chlorhydrique, on fait dissoudre à l'aide d'une douce chaleur 64 grammes d'or laminé.

A cette dissolution, l'on ajoute 24 centigrammes d'étain et autant de beurre d'antimoine. Quelques légers flocons d'or apparaissent, se redissolvent aussitôt avec l'étain; alors on verse dans le liquide 1 kilogramme d'eau froide.

D'autre part on introduit dans une capsule en porcelaine 32 grammes de fleurs de soufre, 32 grammes de térébenthine de Venise, et 160 grammes d'essence de térébenthine, on chauffe modérément au-dessus d'une flamme modérée d'une lampe à esprit de vin jusqu'à ce que le soufre entre en dissolution, et qu'il en résulte un liquide rouge brunâtre.

On y ajoute alors 100 grammes d'essence de lavande. Cette première partie de l'opération peut durer environ une demi-heure.

On décante ensuite le baume de soufre ainsi préparé dans un vase en porcelaine et de forme cylindrique; on chauffe légèrement toujours à l'aide de la lampe à alcool. On verse sur le baume la solution d'or étendue en agitant continuellement avec une spatule en bois. Bientôt le baume de soufre qui surnage change de teinte en passant au vert-olive de plus en plus foncé. Sa densité augmentant ainsi peu à peu, il touche au fond du vase à mesure que la solution d'or perd de sa couleur jaune. Enfin dès que l'eau acide surnageante devient légèrement blanchâtre et se trouve presque épuisée d'or, on la décante en évitant d'entraîner le composé aurifère rassemblé au fond du vase. On lave ce dernier quatre fois avec de l'eau bouillante, et une dernière fois avec de l'eau froide.

Ainsi refroidi, ce composé perd de sa fluidité. On rejette de nouveau cette eau du lavage; puis, à l'aide d'une spatule, on étale les produits sur les parois du vase pour en faire exsuder le plus d'eau que possible.

On chauffe ensuite doucement afin de vaporiser la dernière portion d'eau d'interposition, puis on verse 100 grammes d'essence de térébenthine et 150 grammes d'essence de lavande, lesquelles doivent opérer la dissolution du composé aurifère.

Laissant ensuite refroidir et déposer pendant vingt minutes, on décante la partie claire sur 10 grammes de bismuth en poudre fine, et placé d'avance dans une capsule en porcelaine, on effectue le mélange en chauffant et en agitant pendant quelques minutes;

enfin on retire du feu, et, après avoir de nouveau laissé reposer, on décante la partie transparente de ce mélange. Ce produit, encore trop fluide pour être appliqué, a été soumis à une légère concentration avant de l'employer à la décoration des vases. Néanmoins il ne doit pas être assez rapproché pour qu'on ne puisse l'employer facilement avec un pinceau.

Autre procédé, par M. MORIN.

§ 67. Je fais dissoudre 100 grammes d'or dans une quantité suffisante d'eau régale composée de deux parties d'acide chlorhydrique et de une partie d'acide azotique.

Cette dissolution opérée, j'y ajoute de 2 à 3 grammes de protochlorure d'étain ; puis 100 grammes bicarbonate de soude, et j'évapore à siccité.

D'autre part je mélange 100 à 120 grammes de chlorure de soufre à 800 grammes d'essence d'aspic et je modère l'élévation de température en plongeant le vase dans lequel j'opère dans un mélange réfrigérent.

Je me sers de ce liquide pour dissoudre le sel d'or et de sodium ; je filtre pour séparer l'excès de chlorure de sodium qui reste sur le filtre, et, sans lavage ni aucune autre préparation ou opération, j'ai un liquide bon à employer et ne laissant rien à désirer. Néanmoins, pour donner un peu plus de solidité à la dorure, j'ajoute une petite quantité de borate de bismuth dont les propriétés sont très-énergiques.

On voit que ce procédé est aussi simple que facile à exécuter.

Le premier des procédés que nous venons de décrire a été attaqué en déchéance de brevet, mais malgré une grande similitude entre le moyen de dorure de MM. Dutertre et d'autres procédés analogues publiés ou employés antérieurement à la prise de brevet par ces messieurs, les experts ont conclu à la validation du privilège.

Il résulte ordinairement de ces contestations judiciaires un grand jour sur *tous* les moyens employés par les brevetés dont les indications, soit par spéculation, soit par ignorance ou tout autre motif, restent enveloppées de mystères que les experts pénètrent et nous font connaître.

Préparation d'une poudre d'or pour dorer le verre et la porcelaine.

§ 68. Personne n'ignore que l'or précipité de la solution par le sulfate de fer a une densité trop grande pour qu'on puisse l'employer avec avantage à la dorure du verre et de la porcelaine. On a même de la peine à obtenir de l'or au degré requis de division et de finesse quand on l'allie avec l'argent, puisqu'on dissout ce métal par l'acide azotique, ainsi que cela se pratique dans plusieurs fabriques.

On est donc généralement dans l'usage de précipiter l'or au moyen de l'azotate de protoxyde de mercure, mais dans cette opération on éprouve des difficultés pour séparer complétement l'or de sa solution sans entraîner en même temps du mercure sous la forme de calomel, méthode qui donne aisément lieu à des fraudes, ou bien à raison de ce que beaucoup de peintres en porcelaine préparent leur or par ce moyen, peut aisément les induire en erreur sur la quantité d'or qui, quand on charge, doit être mélangé avec le fondant : ajoutez à cela que le travail avec le mercure est toujours pour les peintres une opération chanceuse.

Tous ces inconvénients disparaissent, et on simplifie beaucoup les opérations, en précipitant l'or par l'acide oxalique à l'aide duquel, lorsqu'on observe quelques précautions, on obtient facilement un produit constant et distingué. L'or précipité d'une solution acide d'acide oxalique aurait aussi trop de densité, il faut donc le précipiter au sein d'une solution alcaline qui ne soit ni bouillante ni chaude, ainsi que l'a conseillé M. Jackson, mais bien froide. En opérant ainsi que nous allons le dire, on est certain d'obtenir un produit excellent sous tous les rapports :

On fait dissoudre comme d'habitude 6 grammes d'or dans 250 grammes d'acide azotique du poids spécifique de 1,2, et 500 grammes d'acide chlorhydrique du poids spécifique de 1,12; d'un autre côté on dissout 375 grammes de potasse aussi pure qu'il est possible et exempte surtout de silice dans 5 à 6 parties d'eau distillée et on filtre au besoin la dissolution. La potasse purifiée des pharmaciens peut suffire pour cet objet, mais comme elle renferme souvent 10 0/0 et plus d'eau, il faut en employer de 400 à 430 grammes.

On verse peu à peu cette dissolution dans celle d'or, et comme il se dégage de l'acide carbonique, ainsi que dans les additions successives d'acide oxalique, il faut prendre un vase d'une assez grande capacité, par exemple une grande capsule en porcelaine pour éviter les pertes.

La liqueur ainsi obtenue est étendue avec environ

4 litres d'eau et si la chose est nécessaire on la partage à parties égales dans deux capsules en porcelaine. La liqueur étant refroidie, on y ajoute avec précaution une solution également froide et claire de 250 grammes d'acide oxalique, en agitant constamment avec une baguette en verre, mais sans frotter les parois des capsules sur lesquelles l'or s'attacherait avec beaucoup de force.

Si on met en présence à chaud ou bouillantes les dissolutions d'or et d'acide oxalique, l'or se précipite généralement avec facilité en paillettes fort belles et d'un grand éclat, mais qui ne peuvent servir à la dorure. Si les liqueurs sont mélangées à froid, on obtient constamment un précipité noir extrêmement volumineux et spongieux. On laisse ce précipité se déposer, on le lave à l'eau distillée, on le chauffe en commençant par une douce chaleur jusqu'à ce qu'il paraisse sec à l'extérieur, puis on élève la température jusqu'à ce qu'on en ait chassé toute l'eau. Des essais comparatifs de cet or faits avec celui produit à l'aide d'autres méthodes par un peintre habile sur porcelaine, M. Franz, ont donné des résultats très-satisfaisants.

CHAPITRE IX.

Couverture en cuivre des caractères d'imprimerie, Reproduction des planches d'impression, gravure électrochimique, Damasquinure sur émail, Grainage.

Couverture en cuivre des caractères d'imprimerie, vignettes, etc., reproduction des planches électrotypiques.

§ 69. La facilité avec laquelle, à l'aide des procédés électro-chimiques, on peut recouvrir des métaux tendres par des métaux plus résistants, des métaux oxydables par d'autres qui le sont peu et même point, a dû fixer l'attention des fondeurs de caractères, et surtout des imprimeurs qui ont intérêt à rendre plus durable un matériel qui ne laisse pas que de coûter fort cher.

Parmi les fondeurs, il y a une maison qui n'a hésité devant aucuns frais pour améliorer ses procédés, et se maintenir à la hauteur du progrès par l'admission des procédés électro-chimiques dans sa fabrication. Je veux parler de MM. Virey frères, dont les types sont ravissants de dessin et de pureté. M. Coblence exploite également l'électricité, non-seulement pour enduire les caractères d'une couche de cuivre qui permet un plus long usage, des tirages plus nombreux, mais encore se sert-il des procédés électro-chimiques pour le clichage de pages entières.

Les deux opérations, celle du revêtement des types et celle de la reproduction des planches électrotypiques, se pratiquent d'une façon particulière pour chacune d'elles.

Pour recouvrir les types ou caractères d'imprimerie, on commence par les dégraisser en les laissant séjourner, pendant vingt-quatre heures, dans un vase contenant de l'alcool à 90 ou 95° centigrades. Pendant ce temps on prépare un bain alcalin de cyanure double de potassium et de cuivre dans les proportions de 40 grammes du premier sel, et 12 à 15 du second par litre. Ce bain sera préparé à chaud, mais à une température qui ne devra pas dépasser 60° centigrades. Lorsque la dissolution sera froide, on la filtrera et on la versera dans une cuve à décomposition. On trouve dans le commerce des bains de pied en faïence de la contenance de 30 à 40 litres qui conviennent parfaitement à cet usage.

On fait couper, chez le quincaillier, une bande de cuivre de 1/2 à 2 millimètres d'épaisseur, de 7 à 8 centimètres de largeur, et assez longue pour former un cercle du diamètre intérieur du vase. Cette lame percée de 3 ou 4 trous à 1 centim. de son bord supérieur est maintenue en place par des crochets de platine qui reposent sur le bord du vase. Un de ces crochets porte une presse à vis dans laquelle s'engage le conducteur venant du cuivre ou du charbon de la pile (du pôle électro-négatif).

D'autre part, on se munit d'un morceau de toile métallique (en laiton) de forme ronde de 16 à 18 centimètres de diamètre pour une cuve qui aurait 30 centimètres de diamètre intérieur environ. On place ce disque sur une partie plane, on applique dessus une rondelle de bois de 12 à 14 centimètres de diamètre, et on relève tout autour la toile métallique, de manière à former une corbeille. Cette dernière, armée de conducteurs en forme d'anse, est supportée par une tringle en laiton dont les deux extrémités portent sur la cuve. A l'une de ses extrémités, cette tringle porte une presse qui reçoit le conducteur qui part du zinc de la batterie.

Lorsque le tout est ainsi disposé, on monte deux petits éléments Daniell ou Bunsen, on les charge, on établit les communications, on remplit la corbeille de caractères et on la suspend à sa tringle. Lorsque toutes ces petites pièces que l'on déplace de temps en temps pour qu'elles se recouvrent également partout, ont acquis une couleur rose brillante, on enlève la corbeille, on laisse égoutter une seconde, puis on la trempe dans l'eau bouillante. Enfin les caractères sont portés dans une boîte remplie de sciure de bois blanc sans résine où ils sont roulés et séchés.

On remarquera ici que je me suis servi d'un bain alcalin, par la raison que les caractères d'imprimerie faisant partie, par les éléments qui les constituent, des métaux qui sont électro-positifs par rapport à la dissolution de sulfate de cuivre, ne peuvent être trai-

tés par cette dissolution *à priori ;* que ce n'est qu'a-
près avoir été protégés par une couverture de cuivre
dans le bain alcalin contre l'action corrosive de cette
solution acide, que l'on peut les y soumettre pour
épaissir la couche si le besoin s'en présentait, opération que l'on pratique, du reste, assez rarement, l'é-
paisseur que l'on peut leur donner dans le premier
bain étant suffisante.

J'ai recommandé l'emploi de l'alcool pour dégraisser les types qui auraient déjà imprimé, ce corps étant
sans action sur le métal. On peut aussi employer la
benzine. Il va sans dire que l'on devra couvrir le vase
qui contiendra l'un ou l'autre de ces dissolvants. On
devra rejeter les solutions de soude, cet alcali pouvant
attaquer les fins linéaments des liaisons.

De la reproduction en cuivre des planches clichées.

§ 70. Les caractères isolés servent à imprimer les
ouvrages dont les éditions successives sont suscepti-
bles d'être remaniées, souvent augmentées. Mais il
n'en est pas de même de certains livres qui ne subissent aucunes modifications, et qui sont appelés à un
grand nombre de tirages, comme les livres classiques
qui sont tirés à des cent milliers d'exemplaires, les
œuvres impérissables de nos grands littérateurs, Voltaire, Rousseau, Racine, Boileau et *tutti quanti*, etc.

Pour ces derniers ouvrages, l'éditeur trouve un
avantage immense à relever chacune des pages qui
les composent en clichant la composition de chacune
de ces pages. Les clichés, c'est-à-dire les creux, s'obtiennent en coulant du plâtre sur les caractères réu-

nis dans un châssis. Lorsque ce moulage est parfaitement sec, on en prend un relief en y coulant du métal. Ce procédé laisse à désirer sous le rapport de la netteté, quoique ordinairement exécuté par des spécialistes habiles. Les procédés électro-chimiques permettent d'atteindre une plus intime perfection, et la gutta-percha est le corps par excellence pour arriver à ce résultat.

On se munit donc d'une planche laminée de gutta dont l'épaisseur peut varier de 10 à 12 millimètres. On en coupe un morceau un peu plus grand que la page qu'il s'agit de clicher, on en ramollit un côté en le maintenant à la surface de l'eau chaude. Cette partie ramollie ne doit être ni trop tendre, ni trop dure. Lorsqu'elle a été amenée au point voulu, on la porte sur le plateau bien dressé d'une presse, le côté mou en dessus. Aussitôt on dépose la page sur la gutta-percha, et on presse avec beaucoup d'attention, ayant soin de n'enfoncer les caractères que de 1 à 1 1/2 millimètre au plus. On laisse refroidir sous la presse, puis on enlève la page parallèlement autant que possible au moule en gutta, afin de ne pas froisser les lettres.

Le moulage obtenu sans défaut est entouré, après avoir été plombaginé, d'une mince bande de plomb que l'on maintient en place à l'aide de cire jaune dont on la recouvre complétement. Cette bande remplit une double fonction ; elle sert à transmettre l'électricité, d'une part, et d'autre part à lester l'épreuve. Deux conducteurs sont soudés à cette bande, et vont s'appuyer sur les tringles qui doivent supporter le moule et le maintenir dans une position horizontale à une profondeur de 15 à 16 centim. dans le liquide.

L'anode sera placée de même que le moule dans une position horizontale à 8 centimètres au-dessus du moule. On peut, si l'on veut inverser les positions, placer l'anode au fond et le moule au-dessus, la partie moulée en dessous regardant l'anode; mais alors on descendra tout le système, de manière à placer le moule dans une zône où le cuivre se trouve de bonne qualité. Toutefois, la dissolution devra être maintenue saturée à l'aide de trémies remplies de cristaux de sulfate de cuivre.

Avant de placer la bande de plomb, on aura plombaginé le contour du modèle où touche cette bande, et on aura légèrement arrondi avec le doigt les angles qui terminent la surface, afin que le métal glisse en quelque sorte facilement du bord sur la face. Dans l'intérieur des lettres, il ne devra rester aucune agglomération de plombagine. On devra à cet effet se munir de petits pinceaux fins et écourtés au ciseau que l'on roulera dans le fond. On ne cessera de plombaginer que lorsque toutes les parties de la page auront acquis une couleur uniforme de graphite.

Avant d'immerger l'épreuve, on la mouillera avec de l'alcool, afin de chasser l'air. Sans cette précaution, le moule pourrait être compromis par des bulles qui viendraient prendre la place des lettres, et rendre le moule impropre au service que l'on attend de lui. Lorsque l'on juge que l'épreuve a acquis une épaisseur suffisante, on la retire, on la lave et on la porte dans l'eau chaude. Dès qu'elle a acquis la température de 45 à 50°, la gutta abandonne facilement le moule; à une température plus élevée, elle gripperait, et alors il deviendrait plus difficile de la séparer du moule. Enfin, l'épreuve ayant été mise à nu, on prépare un mélange d'huile d'olive, d'étain râpé et de sel ammoniac en poudre ; on en fait une espèce de pâte consistante dont on couvre le derrière de l'épreuve ; puis, avec des pinces plates, on la saisit par le bord excédant, et on la promène au-dessus de la flamme d'une lampe à l'esprit-de-vin. Bientôt on voit la soudure se fondre, remplir toutes les cavités, et former un glacis d'étain uniforme et brillant susceptible de recevoir une plus forte épaisseur.

Décalquer un dessin sur papier, pour en faire une planche de cuivre.

§ 71. Je me suis exercé pendant longtemps à faire déposer du cuivre sur de vieilles gravures que j'avais collées, l'image en dessous sur des feuilles de métal, à la manière dont on transporte une gravure sur bois. Je faisais disparaître le papier, afin que l'encre restant pût me fournir un relief capable de laisser sa place en creux dans une planche obtenue par les procédés électro-chimiques ; mais, je dois l'avouer, je n'avais pu obtenir rien de très-satisfaisant, lorsque l'idée me vint de repasser chaque trait avec de l'encre d'imprimeur, afin d'augmenter l'épaisseur du relief.

Je choisis une épreuve de gravure sur bois assez largement faite, et dont les traits n'offraient pas trop de difficultés, de main-d'œuvre, à être recouverts. Cette fois j'employai de l'encre de lithographe, et une de ces fines plumes d'acier avec lesquelles on dessine sur pierre ; je parvins à repasser mon dessin avec assez de bonheur. Je l'appliquai tout frais sur une planche de cuivre, à l'aide d'un peu d'amidon délayé dans de l'eau, où j'avais laissé séjourner mon épreuve.

Avec une presse à rouleau, j'exerçai une pression suffisante pour que l'encre pût adhérer à la planche de cuivre que j'avais légèrement chauffée. Cela fait, je plongeai la planche dans l'eau pendant quelques instants pour détremper le papier, ensuite j'essayai d'enlever ce dernier, ce qui me réussit assez bien, sauf quelques petites parties de l'encre qu'il entraîna avec lui. Je remarquai que les traces d'encre qu'avait entraînées le papier étaient plus particulièrement celles par lesquelles j'avais commencé mon travail, et notamment les plus fines. Comme il s'était écoulé un intervalle de quelques jours, depuis le moment où j'avais commencé de repasser mon dessin, et celui où je l'avais terminé, j'en concluai que dans ces parties-là l'encre avait eu le temps de sécher, et que la substance grasse pouvait bien avoir fait corps avec l'ancienne encre, et peut-être même avec le corps du papier.

L'expérience me prouva plus tard que je ne m'étais pas trompé. Je reconnus également que moins le papier avait de dispositions à retenir l'encre, mieux le dessin se détachait. Je traçai donc un petit paysage sur papier végétal; et à ma grande satisfaction, l'encre s'en détacha entièrement. Enfin, trouvant que ma plume glissait parfois sur ce papier, je me servis de celui connu en imprimerie sous la désignation de papier à décalquer; c'est à ce dernier que je me suis arrêté.

En définitive, on se munit de papier à décalquer aussi lisse que possible; le dessin est tracé avec une plume d'acier et de l'encre de lithographe; ensuite, on décalque sur une planche de cuivre que l'on a chauffée légèrement, à l'aide d'une presse; on trempe ensuite dans l'eau, et on enlève le papier, le dessin reste en entier sur la planche de cuivre.

On porte cette planche dans une cuve à réduction, on place en regard une seconde planche soluble, planée et tenue à distance de 5 à 6 centimètres dans une position exactement parallèle, on remplit la cuve de sulfate de cuivre pur, mais seulement après avoir établi la communication avec un élément de Daniell à auge plate dont le zinc égale en surface la planche de cuivre. Le pôle cuivre communique comme d'habitude avec la lame soluble, et le zinc avec la planche.

Au bout de quelques heures, il est venu se former une couche de métal sur la planche, mais le dépôt a respecté les traits à l'encre grasse qui constituent le dessin ; on doit alors surveiller l'opération, car la couche de métal continuant de s'épaissir ne manquerait pas de se réunir au-dessus des traits à l'encre et de les couvrir ; ainsi, si l'on veut obtenir des tailles d'une certaine profondeur, il faut enlever la planche de l'appareil, la bien rincer à l'eau propre, la laisser sécher et la couvrir d'une couche de gomme arabique en dissolution à l'aide d'un pinceau. On aura le soin d'éviter d'en passer sur les traits à l'encre.

Lorsque la gomme est sèche, avec un tampon et de l'encre, on augmente l'épaisseur des traits, la planche est ensuite portée dans l'eau, afin de dissoudre la gomme arabique, et de là dans une eau seconde légère pour aviver la chair du dépôt; enfin, on la plonge de nouveau dans la cuve à décomposition sous l'influence du courant.

On renouvellera cette opération autant de fois qu'on le jugera nécessaire pour obtenir une plus forte épaisseur de l'encre, et conséquemment des tailles plus profondes. Après ce résultat, on abandonnera l'opération à elle-même, jusqu'à ce que le cuivre déposé ait acquis assez d'épaisseur; les traits cessant d'être protégés par de nouvelles couches de corps gras permettront au métal de se réunir et les couvrir.

La planche terminée est lavée et séchée, alors on attaque vigoureusement les quatre bords avec une bonne lime plate bâtarde, on introduit sur un des angles une mince lame de couteau, et on en opère la séparation avec beaucoup de précaution, afin de ne pas la fausser :

On a ainsi une planche gravée en creux sur laquelle on peut en relever une seconde, dont le dessin apparaîtra en relief.

Entre les mains d'un artiste habile, ce procédé peut remplacer, dans certaines limites, la gravure sur bois, et recevoir d'importantes applications pour l'illustration des ouvrages à bon marché. On obtiendra bien plus vite une planche par ce procédé, et à moins de frais que si l'on faisait dessiner et graver sur bois. L'artiste verra mieux son travail sur du papier et le fera plus commodément.

Cette expérience m'a procuré des moments très-agréables : Je conserve encore chez moi des épreuves de divers dessins tirés sur des planches dues à ce procédé. Cela me rappelle une circonstance qui prouve que les amateurs de la science se rencontrent souvent dans leurs recherches, et que l'invention n'en a pas moins de mérite pour celui qui arrive quelques jours plus tard à la découverte d'un procédé dont il ignorait l'existence.

Il y a quelques années qu'un médecin de la province ignorant l'existence du *Traité des Manipulations électro-chimiques*, publia dans le journal de son département, qu'il venait de découvrir le procédé, ou un analogue à celui que je viens de décrire, et qu'il était dans les dispositions de le soumettre à l'Académie des sciences.

M. Bouillat, riche amateur de tout ce qui se rattache à l'art, et habitué de mon laboratoire, eut occasion de rencontrer ce médecin dans le monde; au premier mot que celui-ci lui dit de sa découverte, M. Bouillat lui répondit que cela était déjà fait et qu'il l'avait déjà vu chez moi.

Le médecin voulant s'assurer du fait, m'envoya un de ses amis avec le journal, ma réponse fut une épreuve que j'eus le plaisir de remettre à son envoyé, et qu'il accepta avec non moins de plaisir. Je n'en entendis plus parler.

Procédé de gravure en relief et taille douce, par M. DULOS.

§ 72. Nous recommandons tout particulièrement ce procédé ingénieux dans lequel l'auteur, M. Dulos, fait preuve d'une connaissance intime de la valeur des procédés électro-métallurgiques. Nous avons répété ses expériences avec le plus grand succès, et nous sommes certain que tout manipulateur qui voudra ne rien négliger des recommandations faites par l'inventeur réussira aussi bien que nous. Ces procédés, sur lesquels M. Albert Barre a fait un rapport favorable à la société d'encouragement sont décrits par le rapporteur dans les termes suivants :

« Ces procédés sont basés sur l'observation suivante des effets des phénomènes capillaires : si, après avoir tracé avec un vernis des lignes sur une plaque d'argent ou de cuivre argenté, on verse du mercure sur cette plaque mise de niveau, il se forme à droite et à gauche des lignes tracées deux ménisques convexes et le mercure s'élève en saillie au-dessus de la plaque.

« On prend donc une plaque de cuivre argenté sur laquelle on décalque, transporte ou trace un dessin quelconque ; supposons un dessin fait à l'encre lithographique ; le travail du dessinateur terminé, la plaque est recouverte au moyen de la pile d'une légère couche de fer, dont le dépôt ne s'opère que sur les parties non touchées par l'encre ; cette encre étant enlevée avec de l'essence de térébenthine ou avec de la benzine, les blancs du dessin se trouvent représentés par la couche de fer et les traits par l'argent même.

« En cet état, on verse sur la plaque du mercure qui ne s'attache qu'à l'argent, et après avoir chassé avec un pinceau doux le mercure en excès, on voit le métal (son amalgame) s'élever en relief là où se trouvait précédemment l'encre lithographique. On peut alors prendre une empreinte dont les creux offrant la contre-partie des saillies du mercure, figureront une sorte de gravure en taille douce. Cette empreinte ne pourrait être moulée qu'en plâtre, cire fondue, etc., corps trop peu résistants pour fournir une impression convenable, mais en métallisant le moule et en y effectuant un dépôt galvanique de cuivre, on obtient la reproduction exacte des traits primitivement formés par le mercure, et en quelque sorte une matrice au moyen de laquelle on peut reproduire à l'infini des planches propres à l'impression en taille douce.

« On remplace avantageusement le mercure par l'amalgame de cuivre ou par un sel de mercure, et principalement le sulfate ammoniacal de ce métal.

« Cela compris, voici les moyens divers adoptés par M. Dulos pour reproduire les dessins au crayon et à la plume, les reports d'estampes ou de lithographies, et les transformer en gravure en taille douce, ou en gravures typographiques, ou imiter l'aqua-tinta.

« I. On dessine au crayon lithographique sur une plaque de cuivre grainée aussi facilement que sur pierre, et ce dessin peut être transformé en taille douce ou en gravure typographique, soit par l'amalgame de cuivre, soit par un sel de mercure.

« 1° *Taille douce par l'amalgame de cuivre.* — La planche étant dessinée et ayant reçu au moyen de la pile une couche de fer est soumise, après l'enlèvement du dessin, à un dépôt galvanique d'argent, qui adhère sur le cuivre, à l'exclusion des parties ferrées, c'est-à-dire celles qui avaient été primitivement touchées par le crayon ; alors un rouleau de cuivre argenté portant l'amalgame de cuivre, est promené sur la surface de la plaque ; l'amalgame se fixe sur l'argent, à l'exclusion du fer, et une fois solidifié permet de prendre une empreinte galvanique en cuivre qu'on peut mettre sous presse.

« 2° *Gravure typographique par l'amalgame de cuivre.* — La plaque dessinée étant soumise à l'argenture, l'argent se dépose sur le cuivre à l'exclusion du crayon : on enlève le dessin qui n'est plus figuré que par le cuivre même de la plaque que l'on chauffe pour l'oxyder, puis on promène dessus le rouleau argenté chargé d'amalgame qui prend sur l'argent, c'est-à-dire monte autour des traces primitives du dessin qu'une empreinte galvanique traduit définitivement par des tailles en relief. Cette épreuve en cuivre peut servir immédiatement à l'impression typographique.

« 3° *Taille douce par un sel de mercure.* — La plaque dessinée est, comme ci-dessus, argentée au moyen de la pile, et le crayon enlevé avec la benzine ; après quoi on plonge cette plaque dans une bassine contenant du sulfate d'ammoniaque et de mercure, et en même temps on promène sur sa surface, pendant quatre à cinq minutes, le rouleau argenté ; l'excès du mercure se précipite sur l'argent. La planche ainsi obtenue est en état de donner des épreuves.

« 4° *Gravure typographique par un sel de mercure.* — La plaque, successivement dessinée, ferrée et argentée, est privée de son fer au moyen d'une eau acidulée, plongée dans le bain de sulfate ammoniacal et traitée avec le rouleau argenté pendant cinq minutes environ ; les traits du crayon se transforment en relief et la planche même, exécutée par ce procédé direct, peut être livrée à l'imprimeur typographe.

« II. *Gravure dans le genre aqua-tinte.* — Un grain ordinaire d'aqua-tinta étant donné à une planche de cuivre, on en prend une empreinte galvanique également en cuivre. On argente la surface de cette empreinte présentant le grain d'aqua-tinta renversé ; à l'aide du crayon lithographique on dessine sur cette surface, avec la ressource d'enlever au grattoir les blancs ou rehauts de lumière, puis on dépose du fer sur l'empreinte et on fait disparaitre le crayon avec la benzine et on passe l'amalgame de cuivre à l'aide du rouleau argenté.

« En dernière opération on forme par un dépôt galvanique, une seconde empreinte qui devient la planche à imprimer et dont les creux reproduisent le grain primitif de l'aqua-tinta, le dessin tracé au crayon, et les rehauts de lumière enlevés au grattoir.

« III. *Gravure typographique et en taille douce au moyen d'un dessin sur vernis blanc.* — On livre au dessinateur une plaque de cuivre recouverte d'un vernis dans la composition duquel entre le caoutchouc et le blanc de zinc. Ce vernis se coupe avec la plus grande facilité à l'aide de plumes d'acier ou de pointes d'ivoire. Le dessin terminé, la plaque est plongée dans un bain de fer dont le dépôt ne s'effectue que sur les parties de la planche découvertes par le travail de la pointe. Si on se propose de faire une gravure en creux par le sel de mercure, on enlève le vernis et on argente ; l'argent se dépose sur le cuivre à l'exclusion du fer ; on attaque le fer avec l'acide sulfurique étendu d'eau et on traite la plaque par le sel de mercure comme précédemment.

« Pour obtenir le même dessin en relief avec le sel mercuriel, il faudrait, en suivant d'ailleurs la méthode précédente, déposer de l'argent et non du fer.

« Les dessins sur vernis peuvent également se transformer en gravure par l'emploi de l'amalgame de cuivre,

« Les moyens décrits se prêtent également à la gravure des outils de relieurs dits fer à dorer et des planches destinées à recevoir des émaux cloisonnés. »

§ 73. *Enduit pour préserver le derrière des plaques grainées par une action électro-chimique.*

La base de ce vernis est le bitume, le goudron, le galipot, la colophane, la poix sèche ou autre matière résineuse, et l'excipient le sulfure de carbone.

Suivant la nature et la qualité de la matière bitumineuse, ce vernis peut être formé avec 100 parties de bitume, et 100 à 80 parties de sulfure de carbone. Si on fait usage du goudron on ajoute 100 à 300 parties de sulfure. Ce vernis se fabrique à froid de la manière suivante :

On verse et on place la manière bitumineuse ou résineuse dans un vase convenable, on verse dessus le sulfure de carbone et on ferme le vase hermétiquement pour empêcher l'évaporation du sulfure. Au bout de 20 à 24 heures les matières sont dissoutes, on ouvre le vase et on trouve le vernis à l'état demi-liquide, et c'est en cet état qu'il est employé. Il est propre à enduire non-seulement les métaux et être utilisé pour les réserves, mais encore on peut s'en servir avec avantage pour couvrir les cuves à réduction en bois, et l'intérieur des cylindres en zinc pour la pile Daniell, et l'extérieur de ceux Bunsen.

§ 74. *Gravure électro-chimique,* par M. G. DEVINCENZI.

Le métal le plus propre à cette espèce de gravure est le zinc. On l'emploie en planches laminées qu'on graine avec du sable tamisé, et on dessine dessus avec l'encre et le crayon lithographique. Le dessin exécuté, on prépare la planche comme si l'on devait s'en servir pour le tirage lithographique. On plonge à cet effet la planche dans une décoction de noix de galle pendant une minute, on la lave à l'eau pure et on la gomme avec une légère dissolution de gomme arabique. On mouille la planche avec une éponge, on efface le dessin avec de l'essence de térébenthine et on roule sur la surface un cylindre lithographique enduit d'un vernis.

Ce vernis recouvre exactement tous les traits faits par le dessinateur. Il doit avoir les qualités suivantes :

1° De ne pas altérer le dessin ;

2° D'adhérer fortement à la planche ;

3° De ne pas être attaqué par les agents chimiques employés à graver.

Le vernis, connu en Angleterre sous le nom de Brunswick black, mêlé avec de l'essence de lavande, est préférable à tous les autres. Il est composé d'asphalte, d'huile de lin cuite avec la litharge et de térébenthine.

Après que le vernis est sec, on met la planche de zinc en communication avec une planche de cuivre à la distance de 0,005 ; après quoi on les plonge dans une dissolution de sulfate de cuivre marquant 15°. Il en résulte alors un couple voltaïque ; l'acide sulfurique résultant de la décomposition du sulfate de cuivre dissout toutes les parties du zinc qui ne sont pas recouvertes. On donne plus ou moins de profondeur à la gravure, suivant le genre du dessin. Les dessins au crayon sont gravés en général en quatre ou cinq minutes, et ceux à la plume en sept ou dix minutes.

Le sulfate de cuivre ne produit aucune altération dans les dessins les plus délicats et n'attaque pas le vernis.

On peut appliquer cette méthode de graver à tous les autres procédés à l'aide desquels on reproduit un dessin. On peut dessiner sur papier et transporter ensuite le dessin sur les planches. On transporte les impressions des pierres lithographiques ou celles des planches de cuivre ou d'acier. On peut de même faire usage de la pointe et des machines à graver. Ces machines peuvent être employées sur le zinc aussi bien que sur les pierres lithographiques pour produire des teintes plates. Ce procédé s'applique également aux caractères d'imprimerie. Il suffit d'avoir une page d'un livre transportée sur une planche de zinc pour en faire un stéréotype.

Cette manière de graver remplacera la stéréotypie ordinaire. D'après ce procédé on peut transporter les pages d'un livre lorsqu'on imprime sur des feuilles très-minces de zinc; et de celles-ci sur des planches plus fortes pour les graver toutes les fois que l'on veut réimprimer. De là grande économie sur la composition et le papier, puisqu'on n'est pas obligé de faire de grands tirages. Une copie sur des feuilles très-minces de zinc ne coûte pas plus qu'un exemplaire tiré sur bon papier.

J'ajoute enfin qu'on peut appliquer les stéréotypes à deux autres moyens de reproduction typographiques. Il n'est pas difficile de faire le transport d'une vieille impression sur des planches métalliques. On peut avoir ainsi des stéréotypes de vieux livres.

Reproduction sur cuivre d'une gravure faite sur pierre : procédé de M. le colonel d'état-major LE-VRET (extrait du *Technologiste*, 21ᵉ année, p. 453).

§ 75. Depuis plusieurs années, le dépôt de la guerre a tourné ses efforts vers la solution d'une question très-intéressante pour la publication de la carte d'état-major.

On sait que la gravure d'une feuille de cette carte demande de 5 à 12 ans; d'où il suit que la gravure, commencée plus tard que le levé et ayant marché souvent moins vite, est aujourd'hui notablement arriérée; en sorte que les travaux sur le terrain devant s'achever dans deux ans, on pouvait craindre de n'en voir achever la publication que quinze à vingt ans plus tard.

Les procédés galvanoplastiques ont fait entrevoir l'espérance d'abréger notablement ces travaux. On s'est demandé si la gravure s'exécutant sur une matière moins dure et moins difficile à travailler que le cuivre ne pourrait pas être faite beaucoup plus vite; si l'on ne pourrait pas avoir ainsi, dans un temps relativement plus court, une planche gravée sur une matière encore inconnue dont on pourrait obtenir en quelques jours, par la galvanoplastie, une reproduction sur cuivre parfaitement identique avec le modèle. Le problème fut ainsi posé en 1852 par le directeur du dépôt de la guerre.

La gravure sur pierre semblait devoir être le point de départ des essais; mais les objections se soulevaient de toutes parts. La gravure sur pierre, disait-on, n'est pas un procédé pareil à la gravure sur cuivre, elle n'entame la matière gravée ni aussi profondément, ni de la même manière; elle se borne, en beaucoup de places, à ouvrir la couche de vernis dont la pierre a été couverte, et dans ces parties la gravure sur pierre n'est plus qu'une lithographie. De plus, la galvanoplastie ne réalise ses merveilles qu'à l'aide de réactifs auxquels la pierre ne pourrait être soumise sans altération, sans destruction peut-être.

Par ces motifs, le problème semblait insoluble; il vient d'être résolu au dépôt de la guerre, grâce aux recherches persévérantes et aux travaux de M. le colonel Levret.

Suit dans la note l'historique des principaux essais restés sans résultat que nous nous abstiendrons de reproduire, nous bornant à décrire le procédé qui a si bien réussi au colonel. Ainsi continue la note :

Averti mais non découragé, l'ingénieux opérateur imagina une modification à son procédé, et cette modification, qu'il nous reste à décrire, l'a conduit au but désiré.

Il fallait, sans déformer la gravure, la couvrir et la défendre contre l'action corrosive de la dissolution cuivrique, à l'aide d'une matière susceptible de bien recevoir la plombagine. Le gutta-percha satisfait bien à cette dernière condition; voici comment elle doit être employée pour satisfaire à la première.

La pierre, étant convenablement gravée, est placée sur une assez forte inclinaison ; une solution de gutta-percha dans le sulfure de carbone est rapidement répandue sur sa surface, et aussitôt après la pierre est relevée verticalement afin de dégorger les tailles.

Pour faire cette première opération préparatoire, la dissolution doit être assez liquide et ne contenir que le quart environ de la quantité de gutta-percha qui serait nécessaire pour saturer le dissolvant.

L'évaporation du sulfure de carbone est très-rapide, par conséquent la couche étendue sur la pierre est sèche en peu d'instants. A ce moment, la pierre est placée horizontalement, saupoudrée d'une couche de plombagine en poudre impalpable, qu'une brosse très-douce sert à étendre uniformément. Dans cet état la pierre présente un bel aspect sombre et brillant ; sa teinte, noire et uniforme, prend un éclat tout à fait métallique.

De ce point, le reste de l'opération se conduit comme les opérations ordinaires de galvanoplastie, dans un bain neutre.

Une pierre de 5 décimètres carrés est couverte de cuivre en trente-cinq minutes. Après deux jours, la planche de cuivre est assez épaisse pour être détachée. Quand on la sépare, elle entraîne une partie de la plombagine, et laisse la couche de gutta-percha intacte adhérente à la pierre parfaitement préservée. Le cuivre est bien ; on y remarque seulement un assez grand nombre de points piqués, c'est-à-dire formant un petit relief aussi facile à détruire avec le grattoir qu'à découvrir à l'œil.

Le 25 février, un nouvel essai a été entrepris ; les opérations préparatoires, commencées à midi, étaient terminées à deux heures, et à deux heures quarante minutes, la pierre était suffisamment couverte de cuivre.

La note termine en assurant que les arts et l'industrie mettraient ces expériences à profit, et que c'était en vue de marquer leur date et constater leur origine que le ministre de la guerre avait ordonné la rédaction de cette note.

§ 76. M. le colonel Levret était très-certainement de bonne foi en s'attribuant la priorité de cette application. C'est que sans doute il ignorait les travaux déjà réalisés par ce procédé. S'il s'était enquis, il aurait facilement trouvé des devanciers. Il ne lui en reste pas moins la gloire d'avoir contribué pour sa part aux progrès de la galvanoplastique, quoique la marche qu'il a adoptée, et qui lui a été suggérée par l'idée d'immerger la pierre, ne soit pas exempte de critique.

La couche de gutta-percha servant de vernis protecteur à la pierre ne pouvait manquer d'altérer les finesses de la gravure, par cette raison que si cette couche eût été trop mince, elle n'eût pu suffisamment protéger la pierre. Et, d'ailleurs, pourquoi ne pas avoir persisté à prendre une empreinte et déposer le cuivre dans cette empreinte?

Sollicité, vers la même époque où le colonel entreprenait ses travaux, par un homme non-seulement habile comme lithographe, mais dessinateur très-remarquable, notre ami Louis Allard, nous essayâmes, comme M. Levret, un transport d'un dessin sur pierre à l'aide de l'électro-chimie. Voici comment nous procédâmes :

La pierre fut mordue comme d'habitude, puis brossée avec la brosse à chapeau qui nous servait pour la plombagine. Nous la descendîmes alors dans une boîte en fer-blanc dont les rebords dépassaient de 4 centimètres l'épaisseur de la pierre. Ainsi encastrée, nous garnîmes les vides des côtés avec du plâtre liquide. Les raccords faits, je versai sur la pierre un demi-verre d'alcool dont la fonction était de bien mouiller la surface, afin d'éviter les bulles d'air. Après avoir vidé l'excès d'alcool, je remplis toute la surface de la pierre, de toute la hauteur du rebord en fer-blanc, avec une dissolution d'abord assez claire de gutta-percha dans le chloroforme, puis, lorsque le dissolvant fut évaporé, je remplis de nouveau, mais avec une dissolution plus épaisse, et ainsi de suite jusqu'à ce que l'épreuve ait acquis l'épaisseur de 3 à 4 millimètres.

Alors je coupais, dans une planche de gutta de 9 à 10 millimètres d'épaisseur, un morceau pouvant couvrir toute la surface de la pierre, en laissant 5 à 6 millimètres de jeu tout autour. Le vide laissé par ce jeu était rempli à plusieurs reprises de gutta en dissolution.

Pour activer l'évaporation, je portais ma boîte en fer-blanc dans mon étuve où je maintenais une température à 30°, point beaucoup inférieur à celui nécessaire pour l'inflammation du dissolvant, et j'avais le soin de charger la plaque en gutta avec une épaisse feuille de tôle chargée elle-même d'un poids de 15 à 20 kilog.

Après quarante-huit heures, je dessoudais un ou deux côtés de la boîte, et j'enlevais mon épreuve qui ne laissait rien à désirer et qui offrait la rigidité nécessaire. Quant à la reproduction de l'épreuve en cuivre, je procédais comme il a été dit en traitant ce sujet.

Planches en cuivre remplaçant les planches en bois pour l'impression des foulards, des papiers peints, etc.

§ 77. Vers la même époque, je tentai de produire des planches en cuivre, toujours par les procédés électro-chimiques, la gravure étant pratiquée sur le plâtre même.

Je coulais, à cet effet, entre deux plaques de marbre maintenues à distance par des règles de bois blanc, et serrées contre les entretoises en bois par des presses de menuisier, je coulais, dis-je, une planche avec du fin plâtre de Lemesle. Cette planche étant à peu près sèche, on la couvrait, soit en dessinant directement, soit par un décalque d'un dessin quelconque... Puis on la portait sur la table d'un instrument que j'avais créé exprès, et que je recommande, ainsi que tout le système, aux fabricants de papiers peints.

Cet instrument se compose d'une table ou établi (fig. 73) au-dessous de laquelle est montée une roue à gorge A sollicitée par une pédale.

B, table en hêtre de 1 mètre carré et de 5 cenitmètres d'épaisseur.

C, colonne en bois armée d'un bras porteur d'un foret D tournant verticalement entre deux petits paliers de cuivre *d d'*.

Ce foret s'abaisse ou s'élève à volonté, et en marchant à l'aide du levier E.

c', poulie de renvoi pour transformer le mouvement vertical de la corde en mouvement horizontal, et fixée sur le bras *c*.

L'inspection de la figure fera mieux comprendre le

jeu de l'appareil qui est des plus faciles à manœuvrer.

La planche de plâtre est déposée sur la table au-

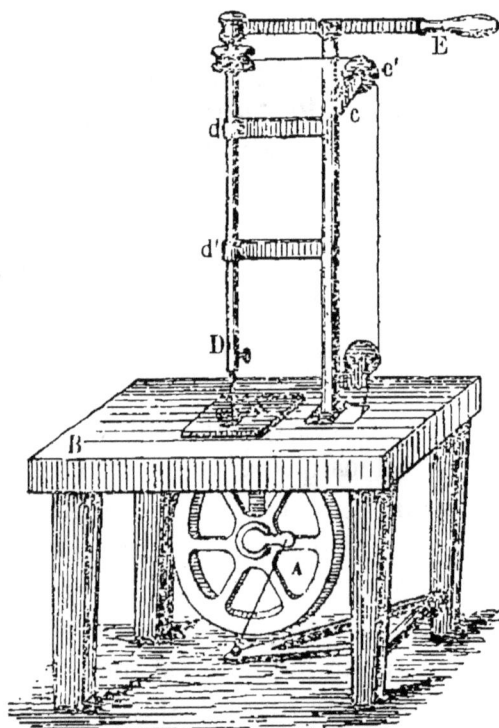

Fig. 73.

dessous du foret qui n'est autre chose qu'un morceau
d'acier tiré rond, limé sur trois faces, se terminant
en pointe, et pouvant pratiquer dans le plâtre des
trous coniques.

On fait agir la roue A avec le pied, celle-ci imprime
un mouvement de rotation très-rapide au foret. On
commence par profiler le dessin en réglant la profondeur à laquelle doit s'enfoncer le foret. Comme l'o-
pérateur a les deux mains libres, il lui est facile de

diriger son plâtre à sa fantaisie, ou plutôt suivant que le demande l'instrument.

Lorsque le dessin est bien profilé, on évide les feuilles, les fleurs, puis on attaque la masse qui doit fournir les blancs du dessin. Les fonds se font avec d'autant plus de régularité que la pointe descend toujours à la même profondeur. Lorsque l'évidement est terminé, on n'a qu'un très-petit coup à donner avec une riffle de ciseleur pour unir les fonds.

En cet état, la planche de plâtre est prête à donner une épreuve qui sortira avec d'autant plus de facilité que la pointe à graver se terminera par un cône plus accusé.

On ne perdra pas de vue que le plâtre une fois terminé devra être séché à cœur et passé en cire.

L'épreuve que donnera le plâtre sera un creux que l'on fera assez épais pour pouvoir en tirer des épreuves en relief. Ces dernières sont remplies par derrière avec de la soudure à l'étain et fixées sur des planchers en bois. En cet état, elles pourront donner un bon nombre de tirages.

De l'emploi du pantographe pour dessiner ces sortes de planches.

§ 78. Les personnes qui ne savent pas dessiner pourront néanmoins tracer, à la grandeur et au format qui leur conviendra, un dessin très-agréable et très-acceptable par le commerce en choisissant un joli sujet dans les cahiers d'ornement que l'on trouve chez les éditeurs. A cette fin, ils se serviront du pantographe, soit pour réduire, soit pour augmenter les proportions du dessin. Nous avons nous-même transformé en gravure des bas-reliefs en plâtre, des Boucher, des Claudion, à l'aide de ce procédé. Il ne s'agit pour cela que de bien ajuster les organes de l'instrument à la dimension requise.

Lorsque le dessin est tracé sur la planche-plâtre par le crayon du pantographe, on procède comme nous l'avons dit.

Damasquinure de l'acier.

§ 79. Les lames de poignard de haute coutellerie, de coupe-papier, de sabre et d'épée, les canons de pistolet et de riches fusils, peuvent recevoir par l'électro-métallurgie une décoration des plus agréables en y incrustant des ornements en or, en argent, en platine ; on y grave des chasses, des combats d'animaux ou tous autres sujets que l'on fait ressortir par un mélange bien ordonné de métaux de différentes couleurs. Le moyen-âge a vu passer des artistes d'un talent remarquable en ce genre dont nos musées conservent précieusement les admirables spécimens. Heureusement ces objets d'art, produits d'une patience à toute épreuve, obtenus d'après les anciens procédés à des prix impossibles et que pouvaient seuls aborder les gens de fortunes princières, peuvent, à l'aide de l'électro-métallurgie, être livrés au commerce à des prix acceptables.

Ancien procédé : la pièce d'acier qu'il s'agissait de décorer était parfaitement adoucie à la lime, puis au charbon. L'artiste y dessinait son motif, le métal se prêtant d'autant mieux à cette opération que l'adouci au charbon ou à la rigueur à la pierre laissait le métal sous un mat favorable. Le dessin tracé, à l'aide de petits ciseaux très-délicats, on suivait les traits déliés du sujet en entaillant très-légèrement d'abord chacun des détails, puis le motif étant en tous ses points reproduit par le ciseau, les traits étaient approfondis uniformément et élargis suivant les exigences du dessin.

Alors l'artiste découpait de petites lames d'or ou d'argent, qu'il façonnait avec son marteau suivant l'épaisseur que devait avoir le filet, l'enchâssait dans l'entaille, et à l'aide du petit instrument appelé matoir écrasait le métal incrusté, afin de l'obliger à descendre dans les creusures, les remplir et s'y maintenir solidement.

Le travail de la creusure n'avait pas eu lieu sans que le fer ou l'acier laissât un petit rebord, bavure, de chaque côté; l'artiste tirait souvent parti de cette circonstance, non-seulement pour sertir l'or, mais encore pour amoindrir l'épaisseur des filets les plus déliés; habile, il savait faire manœuvrer son matoir, comme un dessinateur son crayon, tantôt sur l'acier, tantôt sur l'or ou l'argent.

Le travail du marteau terminé, on affleurait les saillies avec une bonne lime mi-douce, puis plus douce, et on passait de nouveau à la pierre. La gravure terminait le travail; cette partie de l'opération était conduite par des hommes de goût qui savaient mettre en relief les parties incrustées, par ce que l'on appelle en gravure le ramoléiage, c'est-à-dire non-seulement accuser le dessin par de simples traits de burin, mais bien faire de la sculpture à très-plate bosse dans le genre des œuvres de Jean Goujon.

Tout ce que je viens de dire peut devenir l'œuvre

de l'électro-chimie, et voilà quels sont les procédés
à employer en pareil cas.

§ 80. Supposons qu'il s'agisse de damasquiner une
lame de poignard, on pose la lame sur une feuille de
papier blanc ; avec un crayon, on la profile avec attention, puis on dessine soit des ornements arabesques ou autres, des oiseaux, des animaux, des tro-
phées, etc., etc., l'amateur qui ne possède pas cet
admirable talent du dessin, pourra fouiller dans les
feuilles d'ornement que l'on trouve chez les marchands de gravure, et trouvera là une mine inépui-
sable ; il décalquera le motif qu'il aura choisi, en
l'ajustant avec goût au cadre de la lame, et avec un
fin pinceau de blaireau imprégné d'encre lithographique, il peindra en noir tous les champs qui cir-
conscrivent le dessin, ou bien il peindra le dessin lui-
même en respectant les blancs, suivant qu'il lui
conviendra d'avoir ce dessin en creux et doré, ou
en relief, acier sur fond d'or.

Le dessin achevé, on le laisse un peu sécher, puis
on l'applique sur la lame d'acier où il est décalqué
par la pression. Il suffit à cet égard de frotter légèrement avec un brunissoir plat pour le faire passer
sur la lame, sur laquelle il apparaît en noir. Ce travail est délicat et demande un peu d'exercice, mais
on se met bientôt au courant, pour peu que l'on y
apporte de la persévérance et du goût.

A l'encre lithographique, on ajoute un corps gras
et un peu de noir de fumée, le corps gras doit être
choisi parmi ceux qui résistent le plus énergique-
ment aux cyanures, un vernis, composé de gutta-
percha ou du caoutchouc dissous dans le chloroforme
et coloré par du vermillon, est encore préférable. C'est

toujours à cet enduit que nous avons eu recours comme épargne. Enfin, quelle que soit la substance que l'on aura choisie, on devra la laisser sécher avant que de passer aux opérations ultérieures.

Après quoi, on monte l'appareil dans lequel la gravure sera pratiquée.

Cet appareil se compose d'un vase poreux placé au milieu d'une conserve en verre. Dans le vase poreux, on verse une dissolution de cyanure de potassium, dans la conserve du sulfate de cuivre dissous. On plonge la lame de poignard dans le vase poreux, et une lame de cuivre dans la dissolution de sulfate de cuivre, cette dernière communique avec le zinc d'une petite batterie de deux couples Daniell, et le cuivre de cette batterie avec la lame de poignard. On peut remplacer la dissolution de cyanure par une de chlorure de sodium (sel marin).

Dès que le tout a été mis en place et les communications établies, la lame de poignard est attaquée sur toute la partie qui n'est pas protégée par la réserve. La chair du métal apparaît grise et matte ; en se continuant, l'action s'accentue, se manifeste par une creusure régulière que l'on arrête lorsqu'elle a atteint une profondeur égale à l'épaisseur d'une carte de visite. Alors la lame est retirée du vase poreux, bien lavée et rincée à l'alcool, puis immédiatement portée dans un bain de cyanure double de cuivre et de potassium ou de laiton, et mise en communication avec le zinc des couples. Aussitôt les creusures se couvrent du métal en dissolution, dont la couche doit être suffisante pour recevoir ensuite l'argent ou l'or.

Quant au bain d'argent concentré, nous en connaissons la composition, nous savons aussi qu'il suffit d'une faible somme d'électricité pour le réduire, mais comme dans le cas présent, nous n'avons souvent qu'une très-faible surface à soumettre à l'action génératrice de la lame soluble, nous ferons sagement d'ajouter à cette surface une lame de platine correspondant par un conducteur indépendant avec le zinc du couple.

La fonction de cette lame que l'on peut remplacer avec avantage par un moule qui recevrait une épreuve que l'on utiliserait, est d'équilibrer la surface nécessaire pour que le dépôt ait lieu dans de bonnes conditions.

Lorsque les creusures sont remplies, on laisse encore aller l'opération jusqu'à ce que le métal déposé fasse légèrement saillie, alors la pièce est retirée du bain.

Si l'on veut déposer de l'or, on composera un bain de :

Eau distillée.	2000 gram.
Cyanure d'or.	120 —
Cyanure de potassium.	360 —

On commencera par dissoudre le cyanure de potassium à une température de 35 à 40 degrés, puis on ajoutera l'or par fractions de 10 à 15 grammes, attendant pour en ajouter une seconde fraction que la première soit complétement dissoute.

Je renouvellerai ici la recommandation de n'employer le cyanure d'or que lorsqu'il provient d'une préparation des plus récentes.

En sortant du bain de cuivre, la lame de poignard est donc bien lavée et portée immédiatement dans ce bain pour le fonctionnement duquel on ne négligera d'observer aucune des recommandations faites pour le bain d'argent, surtout celle qui concerne les surfaces.

Les creusures remplies, on affleure le métal précieux, on le polit, et la gravure fait le reste.

L'avantage de ce procédé sur l'ancien consiste dans le mode d'entailler le fer ou l'acier et celui de faire pénétrer le métal précieux dans ces entailles. Pour le premier de ces procédés, il faut dépenser beaucoup de temps, employer des artistes spéciaux d'une habileté reconnue et justement cher rétribués.

Avec le secours de l'électro-métallurgie, pour peu qu'il soit ingénieux, un amateur ou un industriel arrivera à des résultats sinon identiques, du moins très-près d'être similaires. Toutefois, pour l'un comme pour l'autre des deux procédés, il faudra avoir recours à la gravure pour compléter le travail.

§ 81. *Damasquinure sur les cadrans d'émail.*

On peut obtenir sur un fond blanc d'émail, comme les cadrans de pendule et de montre, des effets analogues à ceux dont nous avons parlé dans le paragraphe précédent, on peut à volonté orner ces pièces de dessins de tous genres, figurer des fleurs de couleurs variées, des arabesques ou toute autre ornementation de bon goût.

On sait que le verre et la porcelaine se laissent facilement attaquer par l'acide fluorhydrique, et que les jolies gravures que nous remarquons depuis peu sur certaines glaces qui ornent la devanture de nos magasins sont obtenues à l'aide de cet acide, conséquemment, c'est à lui que nous nous adresserons pour entailler l'émail du cadran.

A cet effet, on couvre le cadran d'une légère couche de cire jaune que l'on obtient en le trempant dans un bain de cire liquide. A l'aide d'un instrument en acier en forme de style, on trace sur la cire le dessin que l'on a choisi en ayant soin de mettre l'émail à vif, puis on trempe la pièce dans une capsule en plomb recouverte d'une plaque de même métal et dans laquelle on a versé de l'acide fluorhydrique. Au bout d'un certain temps, l'émail est attaqué à une certaine profondeur qui peut être celle que l'on désira, soit que l'on veuille seulement faire des incrustations légères, soit que l'on se propose de descendre l'entaille jusque sur le cuivre.

Lorsque l'on s'en tient au premier procédé, on doit faire communiquer les filets tracés sur quelques-uns de leurs points avec le cuivre du cadran, et métalliser sur vernis avec de la poudre métallique. Mais si l'on descend jusqu'au cuivre, cela devient inutile. Alors on remplit les petites entailles avec des métaux de différentes couleurs qui tranchent sur l'émail blanc du cadran et produisent un effet charmant.

§ 82. Il y a encore un autre moyen que nous préférons et que nous recommandons : on fait chanlever sur une plaque de cuivre de la dimension du cadran, les chiffres des heures, et vers le centre, les ornements, les figures, etc., de manière à ce que toutes ces parties forment un relief assez prononcé, puis on prend par la galvanoplastie un creux solide et qui doit servir de type ou matrice dans laquelle on déposera des épreuves en cuivre qui deviendront le fond du cadran. Ces épreuves seront dorées ou argentées ou couvertes d'or de couleurs et seront émaillées après ces opérations.

Afin que les épreuves ne jouent pas dans la moufle lorsqu'elles seront couvertes d'émail, on aura eu le soin de les recuire légèrement pour distendre les molécules, puis on les avivera avant la dorure comme il a été dit.

Grainage des surfaces planes de l'argent, du cuivre, etc.

§ 82. Nous venons de voir que, pour les opérations de la gravure, il convenait de grainer les surfaces sur lesquelles on se proposait de tracer un dessin. Lorsqu'il s'agit de l'argent ou d'une plaque solidement argentée, on a recours à l'ancien système pratiqué à Genève pour grainer les pièces d'horlogerie, et qui consiste à frotter, avec une brosse à ongle très-serrée, assez dure, et en arrondissant le mouvement, les pièces que l'on veut grainer. L'agent qui donne le mordant, et dont la brosse est imprégnée, est une bouillie composée de :

Poudre d'argent très-fine. . . .   1 partie.
Sel marin. 10   —
Crème de tartre..   6   —

Toutes ces substances seront en fine poussière et humectées avec de l'eau distillée jusqu'à former une bouillie ni trop épaisse, ni trop claire. La poudre d'argent peut être obtenue par voie de précipitation de ce métal en plaçant des lames de cuivre bien décapées dans une dissolution très-étendue d'azotate d'argent. Une fois la poudre bien lavée, si l'on doit s'en servir immédiatement, il est inutile de la sécher. Toutefois, est-il nécessaire d'en connaître bien le poids, afin d'opérer le mélange avec les autres substances dans les proportions convenables.

On trouve cette poudre toute prête dans le commerce sous le nom de poudre de Nuremberg.

La surface de la plaque d'argent ou de cuivre est donc frottée dans toutes ses parties le plus également possible, et lorsque la surface présente une uniformité nécessaire, on lave et on sèche.

Ce procédé a le défaut d'exiger une certaine habitude, d'être long et dispendieux. Nous n'y avons jamais eu recours. Voici comment nous avons procédé pour matter les surfaces métalliques sur lesquelles nous avons fait des études de gravure.

Chacun a été à même d'observer le beau mat que prend une lame d'argent dès qu'elle a, comme anode, fourni une petite quantité de métal. Il en est de même du cuivre, de l'or, etc. Il me semble donc que l'on puisse mettre ce moyen à profit pour matter uniformément la plaque sur laquelle il s'agira de dessiner. A cet effet, on se munira d'une bande de cuivre que l'on fixera avec de la cire chaude sur le derrière de la plaque, de manière à pouvoir la suspendre dans le bain de sulfate de cuivre et la retourner de bas en haut afin de rendre la morsure égale. Il est inutile de recommander de la fixer au pôle-cuivre de la batterie, et bien en regard d'une seconde lame de même dimension.

Quelques minutes suffiront pour obtenir un grainé qui sera d'autant plus doux que la dissolution sera plus concentrée et le courant plus faible.

La lame d'argent ou de plaqué sera aussi bien mattée dans le bain de sulfate de cuivre que dans un bain d'argent dont on ne voudrait pas faire les frais. Comme la lame de cuivre est souvent chargée d'une poudre noire, on pourra la frotter légèrement avec une brosse douce dans une eau seconde légère pour l'en débarrasser.

CHAPITRE X.

Des produits et substances chimiques employés dans les travaux électro-métallurgiques.

DESCRIPTION DES PROCÉDÉS DE FABRICATION DES SUBSTANCES CHIMIQUES EMPLOYÉES DANS LES TRAVAUX ÉLECTRO-MÉTALLURGIQUES.

De la préparation du sulfate de cuivre
$$CuO, SO^3 \, 5HO.$$

§ 83. Je place ce produit en première ligne, en

raison du rôle important qui lui est assigné dans les productions électro-métallurgiques.

Dans un grand ballon ou une capsule en porcelaine de grande dimension, déposez des rognures ou de la tournure de cuivre aussi pure que possible. Les débris provenant des épreuves électro-chimiques doivent être préférés en ce qu'ils fournissent un produit homogène par excellence, étant eux-mêmes le résultat d'un dépôt exempt de corps hétérogènes. Vous porterez votre capsule sous le manteau d'une bonne cheminée ou, lorsque vous le pourrez, en plein air, afin de vous soustraire aux vapeurs d'acide sulfureux qui se dégagent de la décomposition de l'acide sulfurique. Après avoir assujetti la capsule sur un trépied portant sur le fourneau, on versera sur les débris de cuivre 4 à 5 kilog. d'acide sulfurique pour 1 kilog. de métal, puis on portera sous la capsule quelques charbons allumés.

Au bout de quinze à vingt minutes, la capsule suffisamment échauffée pourra supporter, sans chance d'être saisie, une plus forte somme de chaleur. Néanmoins, il y a avantage à modérer l'action du feu, l'acide sulfurique, sollicité par la chaleur, ne tarde pas à attaquer violemment le métal avec dégagement d'acide sulfureux. En raison de sa densité, et surtout de la concentration du liquide, le sulfate de cuivre formé reste au fond de la capsule dont il pourrait déterminer la rupture, si on n'avait le soin de l'enlever avec une écumoire en cuivre pour le transporter dans une autre capsule.

En enlevant le sulfate au fur et à mesure qu'il se produit, on dégage le métal qui devient plus facilement attaquable. L'action de l'acide se manifeste donc avec d'autant plus d'énergie que la dissolution contient moins de sel. Lorsque le métal est complétement dissous, on en projette une nouvelle quantité dans la liqueur acide, et on ne doit cesser que lorsque l'acide suffisamment saturé cesse d'en dissoudre de nouvelles quantités. On devra, afin d'obtenir une saturation complète, ajouter encore quelques débris de cuivre, s'il n'en restait plus au fond de la capsule. Règle générale, le métal doit toujours être en excès pour absorber l'acide.

On enlève alors la capsule du feu, et on décante la dissolution dans un cristallisoir en grès que l'on aura chauffé progressivement avec de l'eau chaude.

$$2 \, (SO^3 \, HO) + Cu = 2HO + Cu\,O, SO^3 + SO^2.$$

Cette formule indique que deux équivalents d'acide sulfurique hydraté $2 \, (SO^3 \, HO)$ et un équivalent de cuivre $+ Cu$ produisent deux équivalents d'eau 2HO, un équivalent de sulfate de cuivre $Cu\,O, SO^3$, plus un équivalent d'acide sulfureux SO^2.

Le sulfate de cuivre obtenu avec des liqueurs concentrées se présente cristallisé en tous petits parallélipipèdes et souvent aussi sous l'aspect d'une boue noirâtre, selon la concentration de l'acide qui donne une magnifique dissolution bleue dès que l'on ajoute de l'eau. Si l'on tient à avoir des cristaux d'une certaine grosseur, on ajoutera de l'eau bouillante aux cristaux que l'on aura placés dans le cristallisoir dont on aura décanté l'eau-mère après vingt-quatre heures de repos, et on concentrera cette nouvelle dissolution jusqu'à ce qu'elle marque 27 degrés au pèse-sel, puis on la versera dans un autre cristallisoir.

Quant aux eaux-mères, on les évaporera ; mais, attendu qu'elles sont toujours très-acides, on ajoutera de nouveau des débris de cuivre.

On enlève les cristaux des cristallisoirs après deux ou trois jours de repos, on les met égoutter dans de grands entonnoirs dont on bouche légèrement le bas avec les plus gros cristaux ou avec un tampon de coton. On fera bien de les laver un peu avant de les mettre égoutter dans une dissolution propre de ce sel. J'avoue que cette seconde dissolution me paraît inutile, les petits cristaux m'ayant toujours paru fort commodes pour l'alimentation des bains à l'aide de nouets ou de trémies. Il est vrai qu'ils sont toujours plus acides ; mais cela n'est pas un mal, puisque l'on se trouve dans l'obligation d'ajouter de l'acide sulfurique lorsque la dissolution, provenant de cristaux trop neutres, manque de conductibilité.

Le sulfate de cuivre que nous venons de fabriquer est d'un beau bleu céleste, contrairement à celui du commerce qui se présente souvent sous un aspect très-foncé, eu raison de la quantité de sulfate de fer dont on le charge. Le sulfate de cuivre pur est soluble dans deux parties d'eau chaude et quatre d'eau froide. Sa formule est $CuO, SO^3, 5HO$, c'est-à-dire un équivalent de cuivre, un équivalent d'acide sulfurique, et cinq équivalents d'eau dite eau de cristallisation.

Le sulfate de cuivre que l'on conserve longtemps dans un lieu sec, perd deux équivalents d'eau, blanchit sur les angles et les aspérités. Exposé au soleil, il blanchit sur toutes les surfaces en perdant encore de l'eau, et passe à l'état de protosulfate.

Un procédé des plus remarquables consigné dans

la chimie du savant M. Berzélius, et attribué par lui à M. Osann, fixera l'attention des personnes qui s'occupent d'électro-métallurgie :

« Le cuivre très-divisé, finement pulvérisé, peut servir à prendre des empreintes de médailles. On recouvre le relief qu'il s'agit de reproduire d'une couche de la poudre métallique que l'on comprime fortement à l'aide d'une presse ou même d'un marteau. Le métal étant porté ensuite à la température rouge acquiert autant de ténacité que le cuivre laminé. Les empreintes qui en résultent sont admirables, etc. »

Or, cette poudre, nous l'emprunterons au sulfate de cuivre en le réduisant de sa dissolution par une lame de zinc. On obtiendra ainsi un dépôt de cuivre très-divisé qu'on lavera à l'eau distillée et que l'on séchera dans un courant d'hydrogène. A cet effet, on placera la poudre dans un tube en porcelaine ou en terre que l'on chauffera pendant que l'on dirigera dans le tube de l'hydrogène sec qui s'emparera de l'oxygène pour former de l'eau qui, à l'état de vapeur, sera entraînée par le courant d'hydrogène, et la poudre prendra une belle couleur rose.

Essai du sulfate de cuivre du commerce.

§ 84. La méthode que je vais décrire ici, tirée de la chimie de MM. Pelouze et Frémy, est due à M. Pelouze.

« Le dosage du cuivre par voie humide est fondé : 1° sur la propriété que possèdent les sels de cuivre de se dissoudre dans l'ammoniaque en formant une liqueur d'un bleu très-intense ; 2° sur la précipitation de cette liqueur ammoniacale par les sulfures solubles, et sa décoloration complète lorsqu'il ne reste plus de cuivre en dissolution.

« On comprend donc facilement qu'ayant à analyser un sel de cuivre, en le faisant dissoudre dans un excès d'ammoniaque, précipitant cette liqueur ammoniacale par une dissolution titrée de sulfure de sodium, et s'arrêtant au moment où la liqueur est décolorée, on détermine facilement la quantité de cuivre qui se trouve dans le sel.

« Ce mode d'analyse peut être exécuté en présence d'un certain nombre de métaux étrangers, tels que le plomb, l'étain, le zinc, le cadmium, le fer, l'antimoine ; car, en supposant une liqueur ammoniacale dans laquelle ces métaux se trouveraient soit en dissolution, soit à l'état de précipité insoluble, l'expérience a démontré que le sulfate alcalin porte d'abord son action sur le cuivre, et qu'au moment où la liqueur, de bleue qu'elle était d'abord, se trouve décolorée, la quantité de liqueur normale ajoutée est proportionnelle à la quantité même de cuivre qui existait en dissolution. Les métaux étrangers ne réagissent sur le sulfure alcalin que lorsque le cuivre est complétement précipité....

« En résumé, le dosage du cuivre revient à dissoudre le sel de cuivre dans un excès d'ammoniaque et à verser dans cette dissolution un sulfure alcalin titré, jusqu'à ce que la liqueur soit complétement décolorée ; la quantité de liqueur titrée que l'on ajoute pour produire la décoloration fait connaître la proportion de cuivre qui se trouvait en dissolution.

« Nous dirons maintenant comment l'expérience doit être exécutée en parlant d'abord de la préparation de la dissolution titrée de sulfure de sodium.

« On pèse un gramme de cuivre pur; on le dissout dans 5 ou 6 grammes d'acide azotique; on ajoute à la liqueur 40 ou 50 centimètres cubes d'ammoniaque caustique concentrée, on porte le matras à une légère ébullition et l'on y verse peu à peu une dissolution de sulfure de sodium mesuré dans une burette dont chaque centimètre cube est divisé en 10 parties. Le cuivre se dépose à l'état d'oxy-sulfure $CuO, 5CuS$. Dès que la liqueur cesse d'être colorée, ce qu'on reconnaît facilement en laissant le précipité se déposer quelques instants et en lavant les parois du ballon avec une pissette remplie d'ammoniaque, on lit sur la burette le nombre de centimètres cubes employés à la décoloration de la dissolution ammoniacale, soit 30 centimètres cubes.....

« Pour apprécier la proportion de cuivre existant dans un sel qui contient du fer au minimum, comme cela arrive souvent pour le sulfate de cuivre du commerce, il faudrait avoir soin de peroxyder le fer avec l'acide azotique; sans cette précaution, le protoxyde de fer, éliminé par l'ammoniaque, enlèverait de l'oxygène au deutoxyde de cuivre; l'analyse serait inexacte parce que le cuivre se précipiterait à l'état de protosulfure Cu^2S. »

Lorsque dans un établissement d'une certaine importance comme nous en connaissons, on travaille sur de grandes quantités de matière, il devient indispensable de s'assurer de la qualité de ces matières. Le sulfate de cuivre est une substance dont le prix est assez élevé pour qu'avant de traiter un marché, surtout s'il s'agit de fortes quantités, on s'assure de la quantité de cuivre qu'il contient; le procédé d'essai, que nous devons à un de nos plus illustres savants, est si simple, si facile à exécuter, qu'il est abordable pour toute personne un peu au courant des manipulations électro-métallurgiques.

La constitution de ce sel étant de :

Cuivre, Cu O	. . . . .	496.60	31.84
Acide, SO^3	. . . . .	500.00	32.06
Eau, 5HO	. . . . .	562.50	36.10

on en pèsera une quantité représentant un gramme de métal que l'on fera dissoudre dans 6 à 7 grammes d'eau chaude, puis on peroxydera le fer par l'addition de quelques gouttes d'acide azotique, et on procédera, pour le reste de l'opération, comme il a été dit par M. Pelouze.

Purification du sulfate de cuivre du commerce.

§ 85. Tel qu'on le trouve dans le commerce, ce sel est peu propre à donner de bons dépôts, il contient du sulfate de fer dont il convient de le débarrasser. On pourrait à la rigueur s'en servir tel quel, mais les dépôts seraient aigres et cassants, compromettraient la solidité du travail ultérieur de montage et seraient même complétement impropres pour certains travaux. Il est vrai que je veux parler de sulfate contenant une notable quantité de fer, dont les cristaux ont été transportés dans des bains chauds et saturés de sulfate de fer, puis, pour dissimuler la sophistication, reportés prendre une nouvelle charge de cuivre dans les dissolutions de ce métal. Si cette fraude ne se pratique plus, il est certain qu'elle s'est pratiquée. Il est donc prudent de le purifier. Au reste cette opération n'étant ni difficile ni dispendieuse, il y a avantage de la faire subir au sulfate.

On se procure une certaine quantité de bi-oxyde de cuivre que l'on obtient en faisant calciner de l'azotate de cuivre dans un creuset où on le trouvera, après calcination, sous la forme d'une poudre noire et très-fine, ou en grains plus gros, en grillant à l'air libre de la limaille de cuivre sur un gros têt.

On dépose cette poudre dans une grande capsule en cuivre épais que l'on remplit ensuite de sulfate dissous. La capsule est placée sur un fourneau où l'on maintient le feu jusqu'à ce que la liqueur étant éva-porée, le sel se prenne en masse. Aussitôt qu'il est froid, on le dissout dans quatre fois son poids d'eau froide. Dès que la dissolution est opérée, on décante, puis on filtre. Le fer reste dans le fond de la capsule avec la poudre de cuivre. Ainsi préparé, il est très-propre aux usages de la galvanoplastie. Il fournit un cuivre doux, malléable et parfaitement agrégé.

Purification et neutralisation des vieux bains de sulfate de cuivre.

§ 86. Tant que les bains n'ont servi qu'à fournir du cuivre aux substances non conductrices, plâtre, géla-tine, caoutchouc, gutta-percha, avec les appareils com-posés, ils n'ont rencontré aucune chance sérieuse de détérioration, sauf qu'après un certain temps de ser-vice, ils deviennent acides hors des proportions néces-saires, tandis qu'avec les appareils simples, en raison des effets d'endosmose, ils finissent par être souillés d'une quantité très-notable de zinc. Dans l'un comme dans l'autre cas, il convient nécessairement de les ra-mener à leur état normal, l'opération remplissant le double but de neutraliser l'acide en excès dans le premier cas, et de précipiter, séparer le zinc dans le second cas.

A cet effet, on placera le bain à réparer dans une bassine en cuivre de la contenance de 25 à 40 litres, assez épaisse, et on ajoutera un kilogramme et demi ou 2 kilog. de débris de lames de cuivre ou de rognures neuves et bien décapées, puis on portera à l'ébullition.

L'acide libre se portera sur les rognures et aussi sur la bassine, les métaux étrangers, le zinc surtout, seront précipités. On continuera l'ébullition jusqu'à ce que le pèse-sel marque 32 ou 33°. Après quoi on retirera la bassine du feu, et l'on décantera, après un moment de repos, dans les cristallisoirs dont il a été fait mention. Après quelques jours, on recueillera les cristaux que l'on aura le soin de laver avec de l'eau-mère, au cas où ils seraient souillés par la vase du dépôt.

Dans cet état, le sulfate est presque neutre. Pour lui rendre le degré de conductibilité nécessaire, on devra l'additionner d'un vingtième de son volume à l'état de dissolution saturée à la température de 15°. Cette préparation suffira pour rendre au bain toutes ses propriétés premières.

Fabrication du cuivre par voie électrique.

§ 87. Dans une patente prise récemment en Angleterre, M. J. B. Elkington, de Birmingham, a proposé d'appliquer l'électricité à l'affinage du cuivre. A cet effet, l'inventeur conseille de traiter les minerais contenant du cuivre à la manière ordinaire, par la chaleur, jusqu'à ce qu'ils soient amenés à l'état de régule, cuivre noir ou mattes, avant de procéder à l'affinage qui doit en faire un bon cuivre marchand (1).

Au lieu de poursuivre l'affinage des mattes par la voie de la chaleur, les produits sont affinés par l'électricité ou des courants magnétiques, en se servant de ces produits métalliques, comme plaques positives, dans une solution dans laquelle le cuivre de ces plaques est dissous, puis déposé comme cuivre pur sur les surfaces négatives dont on fait usage, tandis que les autres métaux précédemment combinés au fer dans les mattes sont précipités au pôle positif. Voici comment on procède :

Le minerai de cuivre ayant été traité de manière à obtenir des mattes ou du cuivre noir par les opérations ordinaires de la fusion, ce cuivre impur est coulé en plaques de 15 centimètres de côté sur 18 millimètres d'épaisseur, avec des appendices en saillie sur les coins à l'une de leurs extrémités. Ces plaques sont disposées dans des auges suffisamment longues pour contenir deux plaques bout à bout et trois rangs de ces plaques, en tout six plaques positives qui sont placées dans chaque auge en laissant un espace de 15 centimètres entre les rangs. Les appendices des plaques reposent aux extrémités de l'auge et sur une traverse fixée au milieu de sa longueur, toutes parties qui portent des bandes de cuivre en rapport métallique les unes avec les autres.

A égale distance entre les rangs, mais en dehors des plaques positives, sont disposés des rangs de plaques négatives, en tout quatre rangs. Ces plaques sont

(1) Cette voie était ouverte à l'industrie, par M. Becquerel, dès 1834.

en cuivre pur, laminées à une épaisseur de $0^{mm}.8$, et à peu près de la grandeur des plaques qu'on livre au commerce. $0^m.30$ sur $0^m.15$ paraît être une dimension convenable, et il y a six de ces plaques par rang, ou seize en tout. Chacune de ces plaques négatives a été découpée avec une languette qui sert à la fixer sur un cadre composé de barres ou tiges de cuivre. La languette de chaque plaque est roulée sur ces tiges, et se trouve ainsi maintenue et mise en contact intime. Le cadre porte à ses quatre coins des bras qui reposent sur les parois de l'auge sur lesquels sont des bandes de cuivre isolées de celles qui se trouvent aux extrémités de l'auge. On monte de cette manière une batterie de vingt-cinq auges, et les plaques négatives d'une auge sont mises en contact métallique avec les plaques positives de la suivante, et ainsi de suite dans toute l'étendue de la batterie ; seulement il faut avoir soin que dans tous les points de contact métallique, les surfaces soient bien avivées.

Les auges sont chargées avec une solution à peu près saturée de cristaux de sulfate de cuivre, les plaques positives à l'une des extrémités de la série, et les plaques négatives à l'autre extrémité. On met alors en communication, avec les pôles positifs et négatifs d'un appareil propre à générer, un courant d'électricité.

On emploie pour cela une machine électro-magnétique semblable à celle dont on se sert ordinairement dans l'argenture ou la dorure électriques pour une série d'auges semblables à celles décrites. Cette machine doit avoir des dimensions semblables à celles employées dans la dorure ou l'argenture, avec une plaque d'argent ou un électrode exposant 180 décimètres carrés de surface, ou une machine ayant cinquante aimants permanents pesant 10 à 11 kilogrammes chaque, et magnétisés à saturation, les autres parties de la machine étant en proportion. La quantité exacte de force de la machine électro-magnétique n'a pas toutefois grande importance, dès qu'elle suffit pour précipiter le cuivre aussi rapidement qu'on peut le désirer, sous le point de vue industriel. S'il y a excès de force, on se borne à ajouter des auges à la batterie.

Les plaques positives continuent à servir jusqu'au moment où elles sont tellement corrodées qu'elles se détachent par lambeaux. Alors ou les remplace par de nouvelles, et les anciennes sont refondues. Quant aux plaques négatives, on peut les conserver très-bien jusqu'à ce qu'elles n'aient plus qu'une épaisseur de 18 millimètres. Les solutions de sulfate de cuivre sont conservées en état d'activité jusqu'à ce qu'elles soient tellement chargées de sulfate de fer que leur emploi ultérieur présenterait des inconvénients. Alors on les change et on revivifie le cuivre des vieux bains par les procédés bien connus.

Les résidus qui s'accumulent sur le fond des auges sont enlevés de temps à autre; il arrive souvent qu'ils renferment des proportions centésimales considérables d'argent, d'or, et aussi d'étain et d'antimoine. Ils ont, en conséquence, une valeur élevée et peuvent être vendus aux affineurs.

Nitrate ou azotate d'argent, AgO, AzO^5.

§ 88. On déposera dans une capsule en porcelaine de la contenance de 6 litres au plus, 500 grammes

d'argent vierge en grenaille. On versera peu à peu
1 kilogramme d'acide azotique bien purifié marquant
36°, cette préparation sera faite sous la hotte d'une
cheminée munie d'un bon tirage et susceptible d'enlever les vapeurs nitreuses rutilantes provenant de
la décomposition de l'acide azotique, ou bien encore
on glissera la grenaille dans un ballon au sommet
duquel on adaptera un tube abducteur qui conduira
les vapeurs d'acide hypoazotique dans un flacon contenant de l'eau, où elles viendront se condenser. On
placera la capsule ou le ballon sur un bain de sable
bien sec, qui posera sur un fourneau de laboratoire,
et on portera le liquide à l'ébullition. Le métal dissous, on maintient l'ébullition jusqu'à ce qu'une
grande partie du liquide soit évaporé.

On devra dans tous les cas, pour plus de commodité, terminer l'évaporation dans la capsule en re-
muant constamment avec une baguette de verre, afin
d'éviter la projection du produit hors de la capsule.
Vers la fin de l'opération, on ralentira l'action du feu.
Enfin, lorsque le sel formera pellicule et cristallisera
sur la baguette de verre et les parois de la capsule,
on retirera la capsule du feu, et on la déposera sur
un rond de paille. On doit éviter de la mettre en contact avec un corps froid sous peine de la voir se briser.

Si l'azotate doit rester acide, l'opération se termine
là, et l'on recueille après refroidissement de jolis
cristaux sous forme de lames carrées, incolores, inal-
térables à l'air; soluble dans son poids d'eau froide,
le sel se dissout dans la moitié de son poids d'eau
bouillante, et composé de :

Argent, AgO.	1449	68.22
Acide, AzO^5.	675.00	31 78

Il contient donc en poids 68,22 de métal, et 31,78 d'acide, mais pour cela, le sel doit être sec et ne pas contenir un excès d'acide. Il attaque la peau, la colore en noir, et il faut se laver les doigts dans une dissolution d'iodure de potassium assez concentrée pour enlever les taches produites par son contact.

§ 89. *Préparation de l'azotate d'argent pur avec de l'argent allié.*

Lorsque l'on manque d'argent vierge, on peut employer des pièces de monnaie qui contiennent 10 p. 0/0 de cuivre. A cet effet, on se procure des pièces faciles à attaquer comme celles de 20 et de 50 centimes. On les met dans une capsule avec le double de leur poids d'acide azotique, et on chauffe. Lorsque l'acide est complétement évaporé, au lieu d'arrêter l'action de la chaleur, on la continue jusqu'à ce que le sel se fonde. Pour obtenir ce résultat, on doit porter la capsule au rouge sombre. Alors le cuivre s'oxyde, précipite sous la forme de poudre noire. La capsule est enlevée du feu, et dès qu'elle est froide, on verse sur le produit 3 à 4 fois son poids d'eau distillée et bouillante ou plutôt tiède. L'azotate d'argent se dissout, et l'oxyde de cuivre reste au fond de la capsule. Alors pour le séparer sans perte, on filtre. Le dépôt de cuivre reste sur le papier. On rince la capsule avec un peu d'eau distillée, que l'on jette sur le filtre pour entraîner le peu d'argent qu'il aurait pu retenir.

Alors, pour s'assurer que le cuivre a été éliminé en totalité, on verse quelques gouttes de la liqueur dans un verre à réaction, et on ajoute un peu d'am-

moniaque liquide. Si la liqueur se colore en bleu
même légèrement, on devra recommencer l'opération ; dans le cas contraire, on rapprochera la dissolution jusqu'à cristallisation. Le sel obtenu sera aussi
pur que celui fourni par l'argent vierge.

Autre procédé par la voie sèche (PELOUZE et FREMY).

§ 90. On dissout dans l'acide azotique de l'argent
monétaire ou de l'argent de coupelle ; s'il laisse un
résidu qui peut être de l'or, du sulfure ou du chlorure d'argent (si on a employé de l'acide impur), on
le sépare par décantation : la dissolution étendue
d'eau est précipitée par un excès de sel marin. Le
chlorure d'argent bien lavé est réduit, à une température d'un rouge vif, dans un creuset de Beaulay,
par 70,4 parties de craie, et 4,2 parties de charbon,
pour 100 parties de chlorure supposé sec ; il se forme
de l'oxychlorure de calcium, de l'oxyde de carbone,
de l'acide carbonique et de l'argent métallique.

L'argent réduit occupe le fond du creuset ; on le
détache de l'oxychlorure, on le lave, on le redissout
dans l'acide azotique pur ; on le précipite une seconde
fois par le sel marin, et on décompose de nouveau le
chlorure d'argent par la craie et le charbon. L'argent est alors parfaitement pur, on le coule en grenailles.

§ 91. Préparation du cyanure d'argent, Cy, Ag.

Après avoir essayé presque tous les sels d'argent
connus, pour obtenir un dépôt de ce métal, je dus

m'arrêter au cyanure, le seul qui donne des résultats à peu près constants et qui se prête le mieux aux travaux électro-métallurgiques, par la facilité avec laquelle il se dépose. Il forme du reste avec le cyanure de potassium une dissolution *sui generis* qui ne peut être troublée par la présence ou la réaction de corps étrangers à la constitution des deux sels.

Comme il est de notoriété publique que j'ai le premier déposé ce métal à très-forte épaisseur pour reproduire des objets d'art réputés encore comme très-difficiles, et cela sans précédent pour me diriger, je demanderai donc au lecteur la permission de lui exposer les recherches auxquelles je dus me livrer pour arriver à un résultat satisfaisant.

Lorsque j'eus connaissance du procédé de M. Jacobi qui me fut communiqué par M. le baron de Meyendorff, à son retour d'un voyage à Saint-Pétersbourg, quelques mois avant la publication de ce procédé par le journal l'*Artiste*, je me mis immédiatement à l'œuvre et mes essais ayant été couronnés d'un plein succès, l'idée me vint naturellement de faire avec du fer, de l'argent et de l'or, ce que j'obtenais si facilement avec du cuivre.

Je commençai par le nitrate d'argent, pensant qu'il se comporterait comme le cuivre. Il est facile de prévoir que j'échouai complétement ; toutefois, l'observation me fit reconnaître que le bain était trop acide, car la pièce de monnaie en cuivre que j'avais soumise à l'action simultanée de l'électricité et du bain fut attaquée. Le métal déposé était sans aggrégation et présentait l'aspect d'une boue grisâtre, mélange d'oxyde et de métal réduit.

J'eus alors communication par un de mes amis

des tentatives de M. de La Rive, le savant physicien de Genève. Je me procurai une description de son procédé et à mon grand étonnement, j'y trouvai un grand air de ressemblance avec celui de M. Jacobi, et, j'ose le dire, avec ma tentative malheureuse.

En effet, la dissolution de M. Jacobi était composée d'un sel de cuivre acide.

Celle de M. de La Rive, d'un sel d'or acide.

Enfin, la mienne, d'un sel d'argent également acide. L'idée qui me vient d'employer le nitrate d'argent était si naturelle qu'elle dut éclore dans le cerveau de plusieurs personnes.

M. Auguste de La Rive employait à la vérité un sel d'or acide, mais, chose étonnante, il recommandait bien souligné un chlorure d'or aussi *neutre* que possible. Comment a-t-il pu échapper à la sagacité d'un homme aussi remarquable que toute la réussite était dans ce mot : neutre.

On trouve dans le dictionnaire de chimie, et même dans celui de l'Académie, « neutraliser, terme de chimie : neutraliser un sel par un alcali, un alcali par un sel. » Je n'avais pas eu besoin de cette indication du dictionnaire pour connaître l'action d'un acide sur un alcali et réciproquement, néanmoins dans le procès que j'intentai à M. Christofle en déchéance de brevet, j'invoquai au tribunal ce principe établi non-seulement dans le texte de la note de M. de La Rive, mais encore par les termes du dictionnaire. Les personnes qui ont assisté aux débats de ce procès se rappelleront cette circonstance.

Sur ces entrefaites, ayant eu des recherches à faire à la bibliothèque sur un sujet étranger à celui qui nous occupe, en feuilletant le *Mechanic's magazine,* j'y trouvai une note sur l'expérience de Brugnatelli exhumée du journal de Van Mons. Je puis dire que ce fut un véritable malheur pour la marche de mes essais, car je persistai dans mes expériences avec les sels ammoniacaux. J'entrevoyais la possibilité de réduire l'argent, mais je ne pouvais y parvenir.

Le fer seul se laissait précipiter de ses dissolutions; ainsi je couvris des médailles et autres objets avec du fer d'assez bonne qualité quoique un peu friable, j'obtenais même des couches très-épaisses en employant seulement le sulfate de fer et le sel ammoniac. J'arrivais aussi à déposer de très-minces couches d'argent et d'or, mais cela ne pouvait me satisfaire. Enfin, en étudiant attentivement la manière d'être des alcalis et des sels alcalins, je trouvai dans la *Chimie* de M. Thénard, aux pages 201 et 202 du quatrième volume, que le cyanure d'argent était soluble dans l'ammoniaque et qu'il s'unissait également aux autres cyanures pour former des sels doubles. Cette indication de notre grand chimiste fut pour moi toute une révélation. Je priai aussitôt un de mes amis, élève en pharmacie chez M. Burck, pharmacien, de me procurer du cyanure d'argent, de l'ammoniaque et un cyanure de potasse, ce qu'il fit; mais au lieu de cyanure blanc simple, il m'apporta du prussiate de potasse jaune, cyanoferrure de potassium.

Je fis deux bains, l'un avec le cyanure d'argent et l'ammoniaque, l'autre avec le cyanure d'argent et la dissolution de cyanoferrure. Je dois observer que toute ma préoccupation portait non sur l'argenture ou sur la dorure, mais sur la possibilité de déposer l'argent ou l'or pour reproduire des objets d'art. Le

hasard me favorisa dans cette circonstance, car les
quantités que j'avais le soin de noter et que j'ai vé-
rifiées sur mon cahier d'expériences de cette époque,
diffèrent peu de celles que l'usage m'a fait adopter.

Pour 100 grammes de cyanure d'argent, j'employai
500 grammes de cyanoferrure que je fis dissoudre
dans 4 litres d'eau distillée. Il est inutile que je parle
du premier bain dont les résultats ne me satisfirent
nullement, mais avec celui au cyanoferrure, j'obtins
une épreuve fort belle que je conserve encore.

Et dans quelles conditions me trouvai-je pour un
si beau résultat ! Le creux était en stéarine rendu
conducteur avec de la plombagine. L'appareil était
composé à peu près comme celui qu'a publié M. Spen-
cer, le diaphragme était un morceau de parchemin.
Le zinc n'était pas amalgamé. Il n'en est pas moins
vrai que le métal fourni par ces diverses circonstances si peu favorables réunissait toutes les conditions
désirables. Je reproduisis ainsi plusieurs bas-reliefs,
médailles et autres objets d'art de dépouillle, entre
autres de très-jolis fonds de montre Louis XV. J'offris
un de mes produits parfaitement réussi (les noces
d'Aldobrandini), à M. Christofle qui m'avoua n'en
avoir jamais vu.

Les procédés brevetés de M. Elkington pour la dorure et l'argenture parurent peu après et bientôt aussi
ceux de M. Henry de Ruolz. Je substituai le cyanure
simple au prussiate et j'adoptai la pile et les anodes.
J'eus alors un grand tort, ce fut de ne pas prendre
un brevet, mais il me paraissait tellement ridicule
de demander un privilége pour un procédé dont l'inventeur dotait si généreusement l'industrie que j'at-
taquai moi-même ceux qui avaient eu l'idée de le

faire. Un arrangement amiable mit fin à nos discussions avec M. Christoffle qui plusieurs fois eut recours à nos faibles lumières dans le cours de ses travaux.

Le cyanure d'argent est un sel que les marchands de produits chimiques vendent toujours fort cher, et c'est avec raison que l'on a cherché à le fabriquer soi-même. D'ailleurs, celui que l'on vend est peu propre à donner de bons résultats, en ce qu'étant ordinairement préparé depuis longtemps, il exige, pour sa dissolution, une trop grande quantité de cyanure de potassium, circonstance qui rend les bains impropres à un bon service, en raison de l'excès d'alcali.

Le *Technologiste*, 7e année (M. Roret, éditeur), a publié le procédé aussi simple que peu dispendieux que j'ai imaginé, et que je donne ici de nouveau.

On verse dans un flacon d'un litre et demi 1,000 centimètres cubes d'une dissolution d'azotate d'argent fondu, obtenu comme il est dit plus haut, pouvant représenter 100 grammes de ce métal. Je désigne spécialement l'azotate fondu, parce qu'il contient moins d'acide que celui simplement cristallisé.

D'autre part, on se munit d'un ballon d'un litre dans lequel on glisse, en l'inclinant sur sa panse, 250 grammes de cyanoferrure de potassium concassé gros comme des pois, et 150 grammes d'acide sulfurique du commerce additionné de 150 grammes d'eau. On ferme l'ouverture du ballon avec un bouchon de liège percé d'un trou au centre dans lequel on introduit l'extrémité de la branche la plus courte d'un tube en verre recourbé deux fois à angle droit. Il serait prudent, en cas d'obstruction de ce tube, de placer aussi un tube de sûreté en pratiquant un second trou dans le liége.

L'extrémité de la seconde branche du tube abducteur, qui est plus longue que l'autre, vient s'engager, en traversant un liége, jusqu'aux trois quarts de la dissolution par la tubulure centrale du flacon; dans la seconde tubulure, on fixe, toujours à l'aide d'un bon bouchon de liége, un tube droit de gros diamètre (10 à 12 millimètres) destiné à porter les gaz sous la cheminée du laboratoire, ou hors la pièce par une ouverture quelconque.

On devra prendre soin de luter tous les joints, soit avec de la terre glaise bien malaxée, soit avec un bon lut composé de glaires d'œufs et de farine de seigle, afin de se tenir bien à l'abri du gaz que nous allons produire, qui est un toxique des plus actifs et des plus dangereux, l'acide cyanhydrique (prussique).

Voyez la figure 74, qui est une élévation de l'appareil monté et prêt à fonctionner.

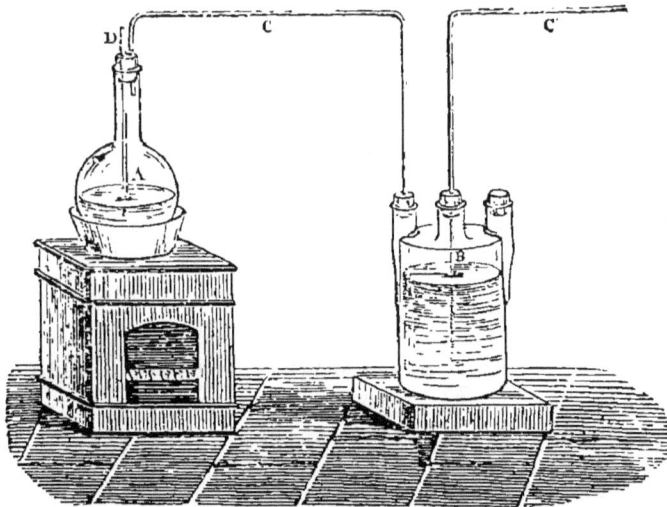

Fig. 74.

A, ballon qui contient le cyanoferrure et l'acide

sulfurique posé sur bain de sable qui repose lui-même sur un petit fourneau.

C, tube recourbé deux fois à angle droit, établissant la communication entre les deux vases, et dont une des branches pénètre dans le bouchon du ballon jusqu'à la petite ligne ponctuée indiquée au-dessous du bouchon, et l'autre dans le flacon jusqu'à la profondeur des trois quarts de la dissolution, près du fond du vase.

B, flacon à deux ou trois tubulures qui contient l'azotate d'argent en dissolution.

C', tube qui porte les gaz sous le manteau de la cheminée ou à l'extérieur.

D, tube par lequel on verse l'acide sulfurique.

Le tout étant ainsi disposé, on allume le feu, le dégagement du gaz, produit par la décomposition du cyanoferrure par l'acide sulfurique, ne tarde pas à s'effectuer, et le gaz qui en résulte convertit bientôt tout l'azotate d'argent en beau cyanure de ce métal, blanc comme neige, à flocons caillebottés, volumineux et d'une facile solubilité.

On laisse continuer l'opération tant que le liquide précipite, après quoi on démonte l'appareil pour éviter l'absorption, et on laisse reposer, après avoir agité le cyanure dans l'eau-mère avec une baguette de verre ; après quoi on décante le liquide qui est chargé d'acide cyanhydrique. On lave le cyanure d'argent à l'eau froide, et on le renferme sous l'eau dans un flacon bien bouché. En cet état, il est prêt à être employé.

Avec une dépense de 1 fr. 50 c. au plus, on a obtenu 120 grammes de cyanure d'argent de première qualité, très-propre à l'argenture et aux réductions, susceptible de se dissoudre sans résidu, et presque à froid dans une dissolution qui contiendra au plus trois fois son poids de cyanure de potassium.

Lors de mes premières expériences, ne préparant pas encore l'acide cyanhydrique moi-même, je dépensais, pour arriver à un résultat semblable, 12 fr. d'acide cyanhydrique à 75 pour 100 d'eau, les 30 grammes de ce produit étant cotés 5 fr., encore n'était-il pas toujours fraîchement préparé, circonstance fâcheuse qui déterminait dans le bain un germe de décomposition qui ne tardait pas à se manifester par une odeur insupportable et dangereuse d'amande amère et d'ammoniaque.

Loin de précipiter d'un beau blanc, à flocons volumineux, le cyanure d'argent résultant de cet acide était jaunâtre, à flocons ténus, exigeant beaucoup plus de cyanure alcalin pour sa dissolution.

D'autres personnes recommandent la préparation du cyanure d'argent par double décomposition du cyanure alcalin sur l'azotate d'argent. Je n'adopterai jamais cette méthode, attendu qu'indépendamment de l'azotate de potasse qu'elle contient, l'eau-mère conserve une notable quantité d'argent.

Préparation de l'oxyde d'argent par la chaux.
$$(AgO.)$$

§ 92. Quelques personnes ont préconisé l'emploi de l'oxyde d'argent. A la vérité, ce corps réussit parfaitement; mais il faut l'employer aussitôt préparé, et surtout le conserver toujours hydraté, car, desséché, il résiste à l'action des dissolvants. On le prépare de différentes manières, par l'eau de chaux, l'eau de baryte et par la potasse en excès. On obtient aussi cet oxyde en portant à l'ébullition un mélange de chlorure d'argent et de potasse, et l'y maintenant jusqu'à complète réduction du sel.

Lorsque l'on veut le préparer par l'eau de chaux, on prend un morceau de cette substance le plus récemment cuite, on le choisira bien blanc, on le placera dans une capsule en porcelaine, et on l'arrosera avec une petite quantité d'eau. La chaux ne tardera pas à se gonfler, à siffler et à dégager une assez grande quantité de vapeur aqueuse; puis elle se délitera et ne présentera plus qu'un amas de poussière blanche qui sera l'hydrate de chaux $CaO + HO$.

On placera dans un grand bocal 2 ou 300 grammes de cette poudre; on le remplira d'eau, et avec une baguette en verre, on agitera afin de saturer l'eau, puis on abandonnera au repos. 778 grammes d'eau dissoudront 1 gramme de chaux. On pourrait en dissoudre une plus grande quantité en ajoutant de l'ammoniaque liquide, mais c'est inutile.

Cette première eau de chaux sera jetée, elle aura servi à laver la poudre. On remplira donc de nouveau le bocal, on agitera de nouveau, et après quelques heures, on pourra l'employer en la séparant de la poudre par décantation ou par soutirage à l'aide d'un syphon de verre.

D'autre part, on aura fait dissoudre 100 grammes d'azotate d'argent fondu dans un litre d'eau distillée que l'on versera en agitant sur l'eau de chaux. On verra aussitôt l'argent se précipiter sous forme de poudre blonde qui fonce peu à peu.

Afin de s'assurer que l'argent a été complétement précipité, on versera dans l'eau-mère quelques gouttes d'eau de chaux. Si la liqueur ne se trouble pas, c'est que l'opération est achevée. Alors on sépare l'oxyde, on le place sur un filtre, et on le lave avec de l'eau de chaux coupée de trois à quatre fois son volume d'eau ordinaire. L'eau de puits chargée de sel calcaire peut convenir à ce lavage préférablement à l'eau pure dans laquelle l'oxyde d'argent est soluble dans de certaines proportions.

En cet état, l'oxyde est composé ainsi qu'il suit :

Ag.	1349.01	93 09
O.	100 00	6.91

Soit 93,09 de métal et 6,91 d'oxygène. Humide, il se dissout dans trois fois son poids de cyanure blanc de potassium de bonne qualité.

Chlorure d'argent Ag Cl.

§ 93. Pour obtenir ce sel, qui est encore très-usité dans l'argenture, le meilleur moyen est de faire dissoudre une portion quelconque d'azotate fondu dans dix fois son poids d'eau, et d'y verser, jusqu'à cessation de précipité, de l'eau saturée de sel marin. Le corps obtenu est cailleboté, dense ; il noircit rapidement à la lumière, ce qui lui enlève peu de ses qualités propres à constituer un bain. Toutefois, il ne faut pas oublier qu'il contient une forte proportion de chlore, 25 pour 100, et transforme en chlorure de potasse une portion de cyanure que l'on a employé à le dissoudre. Il est composé ainsi qu'il suit :

Ag.	1349.01	75.27
Cl.	443.20	24.73

Soit 75,27 de métal et 24,75 de chlore. On doit le

bien laver et le dissoudre tandis qu'il est encore humide. On le conservera sous l'eau et à l'abri de la lumière même diffuse, sous peine de le voir transformer en sous-chlorure Ag^2Cl, circonstance qui favoriserait plutôt qu'elle ne nuirait à l'opération.

Extraction de l'argent du plomb par l'électricité.

§ 94. Le mode perfectionné d'extraction de l'argent du plomb, qui va être décrit, est relatif à l'action de l'électricité au plomb fondu auquel on a incorporé une petite quantité de zinc.

Les opérations peuvent se faire dans un pot semblable à ceux employés dans le mode d'extraction de l'argent du plomb par la voie de cristallisation, et connu sous le nom de procédé Pattinson.

Avant que le plomb soit déposé dans le pot, on peut, si on le juge nécessaire, le placer dans un four à réverbère où il est soumis à un procédé préliminaire d'affinage qu'on conduit à la manière ordinaire. Le but de cette opération préliminaire est d'y faire disparaître l'oxydation, et d'en éliminer les portions de cuivre, d'antimoine, d'arsenic ou autres matières que le plomb peut contenir ; mais dans d'autres cas où le plomb ne renferme pas d'autre impureté qu'une petite proportion de crasses, on peut très-bien se dispenser de cette opération. Dans les circonstances ordinaires, la durée moyenne d'un passage au four à réverbère est de douze heures.

Au sortir du four à réverbère, le plomb peut être coulé ou amené de toute autre manière dans le pot dont il a été question ci-dessus qu'on a fait chauffer auparavant, afin d'éviter le refroidissement du métal ou pour faciliter sa fusion. Sa température est alors portée à environ 537° C., afin que le zinc qu'on y ajoute postérieurement puisse fondre. Dans la pratique, on peut considérer la température comme arrivée au point précis, lorsqu'il est impossible de tenir la main à une distance de $0^m.75$ du métal en fusion.

Le métal fondu est ensuite écumé, et les crasses qu'on enlève ainsi peuvent être traitées au four à réverbère avec la charge suivante qu'on soumet à l'affinage préalable. Le but de cette despumation est d'enlever toutes les impuretés que le plomb peut encore retenir, et le traitement des crasses d'extraire le plomb qui y est encore mélangé mécaniquement. C'est alors qu'on introduit, à l'aide d'un instrument convenable, dans ce plomb une certaine quantité de zinc égale à environ 1/3 à 1/2 pour 100 de la charge de métal dans le pot, et le tout est brassé avec soin et complétement jusqu'à mélange intime.

L'instrument qui paraît le mieux adapté pour cet objet est une poche avec un couvercle, un long manche, et percée d'un grand nombre de petits trous. Cette poche chargée d'une certaine quantité de zinc, est placée dans le métal en fusion où on la laisse jusqu'à ce que le zinc soit fondu et qu'il s'écoule par les petits trous. On brasse alors le mélange avec cette poche même ou avec des ringards, et si l'incorporation des métaux n'était pas complète, le zinc se séparerait en grumeaux, au lieu de former une croûte à la surface.

Le zinc incorporé, on se munit de tiges de cuivre avec manches en bois que l'on met en communication avec une batterie convenable, et on fait passer dans le mélange un fort courant capable d'agiter le métal fondu. Cette opération doit durer dix à trente minutes, suivant qu'il contient plus ou moins d'argent. On ajoute à la batterie une bobine de Rumkorff; le courant sera maintenu jusqu'à ce que tout le zinc soit remonté à la surface, moment où il cesse d'exercer aucune action sur l'extraction de l'argent.

Vers le terme de l'opération, on diminue le feu sous le pot, afin de faciliter la solidification et la séparation de l'alliage de zinc et autres métaux, impuretés, etc. Les conducteurs électriques étant retirés, on abandonne le métal au repos pendant un quart-d'heure. On enlève alors la croûte formée à la surface en abaissant la température. Par ce moyen, l'alliage de zinc se solidifie et se sépare lui-même de la masse de métal.

La croûte est enlevée à la température de 450 à 465°. Dans cette opération, une certaine quantité de plomb est entraînée, mais on la retrouve dans le traitement suivant. On remonte la température à 540°, on ajoute de nouveau 1/3 ou 1/2 pour 100 de zinc, et on applique le courant électrique; on enlève la croûte, et on répète l'opération jusqu'à trois et quatre fois, lorsque le plomb contient beaucoup d'argent ou lorsque le plomb est très-impur. On fera à cet égard des essais du métal à la manière ordinaire pour apprécier, afin de s'assurer de la quantité de zinc (s'il en faut encore) qu'il est nécessaire d'y ajouter, ou bien si le plomb est désargenté au degré requis, c'est-à-dire au moins à 1/500e pour 100.

L'argent contenu dans les croûtes ou crasses enlevées sur le métal fondu après l'addition du zinc et le passage des courants électriques, sera recueilli par l'une quelconque des méthodes ordinaires.

Nouveau mode de dosage de l'argent,
par M. VOGEL.

§ 95. Il peut se présenter, dans le cours des travaux électro-métallurgiques, que l'on ait à reconnaître la quantité d'argent contenue dans une liqueur, et ce cas doit se présenter assez fréquemment. Une méthode facile et prompte sera donc accueillie avec faveur par les praticiens. M. Vogel s'est occupé de cette question dont il a trouvé la solution dans l'emploi de l'iodure de potassium et de l'acide azotique contenant de l'acide azoteux avec l'amidon comme coloration indicatrice.

Si à une solution d'argent, dit ce chimiste, on ajoute une solution d'iodure de potassium, il en résulte, comme on sait, un précipité d'iodure d'argent. Si on verse de l'iodure de potassium dans un mélange d'acide azotique contenant de l'acide azoteux et de l'amidon, la liqueur se colore immédiatement en bleu par la formation d'amidon ioduré. Maintenant, si on mélange une solution d'argent avec l'acide azotique et la solution d'amidon, les deux phénomènes se manifestent simultanément; il se forme de l'iodure d'argent qui se précipite et de l'amidon ioduré qui colore toute la liqueur en bleu (ou en vert-bleu). Cette coloration s'évanouit immédiatement quand on l'agite, tant qu'il y a encore présence de la moindre trace d'iodure d'argent; mais dès que, par de nouvelles additions d'iodure de potassium, on a atteint le point où tout l'argent est précipité, une seule goutte de la solution d'iodure de potassium en excès colore d'une manière permanente la liqueur en bleu ou vert-bleu.

Il devient donc absolument indifférent pour le résultat final que la précipitation ait lieu directement ou indirectement, car, dans tous les cas, il y a un atome d'argent précipité par un atome d'iode.

$$KJ + Ag\,O\,NO^5 = KO\,NO^5 + Ag\,J.$$
$$6J + 6Ag\,O\,NO^5 = Ag\,O\,J\,O^5 + 5Ag\,J.$$

Voici quel est le mode d'essai :

1° *Solution d'iodure de potassium.* — On dépose 10 gr. d'iodure de potassium chimiquement pur et bien sec dans un flacon d'un litre, on dissout dans l'eau, on étend jusqu'au trait, et on ajoute encore avec une pipette 23,4 centimètres cubes d'eau. On obtient ainsi une liqueur dont un centimètre cube indique exactement 0gr.01 d'argent. L'iodure de potassium se rencontre généralement aujourd'hui dans le commerce, à un état tel de pureté chimique qu'on peut l'employer immédiatement à des essais. Si on a quelques doutes sur cette pureté, on essaie la liqueur avec une solution d'argent qui, sur 10 centimètres cubes, contient exactement 10 gram. d'azotate d'argent, et on établit le titre. Pour des essais plus délicats, on se servira d'une solution étendue de dix fois d'eau.

2° *Acide azotique contenant de l'acide azoteux.* — On dissout 1 gramme de sulfate de fer chimiquement pur dans 100 gram. d'acide azotique aussi chimiquement pur et du poids spécifique de 1,2. Au bout d'un temps assez prolongé, l'acide n'a plus d'action, c'est-à-dire qu'il ne se colore plus en bleu par l'iodure de potassium et l'amidon; mais on peut immédiatement lui rendre son action par l'addition de quelques fragments de sulfate de fer.

3° *Solution d'amidon.* — On fait bouillir une partie d'amidon dans cent parties d'eau de la manière connue, on laisse déposer, on tire au clair, et à 100 centimètres cubes, on ajoute vingt parties de salpêtre chimiquement pur et pulvérisé. Cette solution, ainsi que je l'ai observé, se conserve six semaines et plus.

Quant à l'opération pratique, on prend 1 centimètre cube de la solution d'argent avec une pipette, on verse dans un verre, et on ajoute 1 centimètre cube d'acide azotique et dix à douze gouttes d'amidon. Cela fait, on verse quelques gouttes d'iodure de potassium de la burette : si la solution est riche en argent, il ne se produit qu'un précipité jaune, et ce n'est que plus tard qu'il se développe une couleur bleue. Si, au contraire, la solution est peu riche en argent, la coloration bleue se manifeste immédiatement, mais disparaît quand on agite. Dans le premier cas, on laisse couler hardiment, et dans le second avec précaution, de la solution d'iodure de potassium en agitant continuellement le verre. Bientôt il arrive un point où la coloration disparaît plus lentement par l'agitation. Alors on agite plus vivement. Enfin il arrive qu'il suffit de quelques gouttes pour amener une coloration bleue ou verte, permanente (qui ne disparaît pas quand on l'agite). Les degrés qu'on lit sur la burette donnent immédiatement en grammes la proportion d'argent contenue dans 100 centièmes cubes de la liqueur soumise à l'épreuve.

Quand les solutions d'argent sont très-riches, il se manifeste parfois dans l'expérience un changement particulier dans l'amidon qu'on reconnaît en ce qu'une goutte de la solution d'iodure de potassium ne produit pas de coloration, ou en produit une qui manque de pureté. Dans ce cas, on ajoute encore quelques gouttes d'amidon et on poursuit l'opération. La présence d'un acide, de matières organiques ne nuit en rien au succès de l'opération ; il n'y a que les matières qui détruisent la coloration de l'amidon ioduré, les sels de mercure, de protoxyde d'étain, l'acide arsénieux, etc., ou de celles qui colorent la solution (le cuivre) qui soient un obstacle à la réussite.

§ 96. *De l'application aux arts des propriétés électro-chimiques de l'or, par M.* BECQUEREL *de l'Institut* (*extrait*) (1).

M. de La Rive est le premier qui ait conçu et réalisé l'idée d'appliquer l'or sur les métaux en faisant usage de mes appareils électro-chimiques simples ; mais, comme cela se voit fréquemment, celui qui découvre cet art n'est pas toujours celui qui le porte à la perfection ; car c'est dans la pratique que l'on reconnaît les avantages et les inconvénients qui amènent ou retardent le perfectionnement ; il faut pour cela le concours d'un grand nombre de personnes.

Immédiatement après la découverte de M. de La Rive, les physiciens et les industriels en France, en Angleterre, en Allemagne, dans toute l'Europe, en un mot, se mirent à l'œuvre pour perfectionner ce nouveau mode de dorure, soit en opérant avec des dissolutions plus convenables que celles indiquées

(1) Comment se faisait-il que M. Becquerel ignorât cette priorité de M. Elkington si bien établie par son brevet en date du 29 septembre, lorsque celui de M. de Ruolz ne datait que du 7 juin 1841 ? Comment se faisait-il encore que la spécification de ce premier brevet portant spécialement sur l'emploi du cyanure de potassium n'ait pas fait ombre au brevet de M. de Ruolz ? que même son privilège lui ait été conservé ? Mais laissons parler M. Becquerel.

par M. de La Rive, soit en faisant intervenir un certain nombre d'éléments de la pile de Volta. Malheureusement, peu de résultats furent publiés, parce que l'on cherchait plutôt à spéculer qu'à en faire un but de recherches scientifiques.

Des brevets d'invention, dont la date établit la priorité en faveur de M. Elkington, ont été pris, mais je n'ai pas à m'en occuper ici ; je sais seulement que la publication la plus complète que la science ait enregistrée dans ses annales est celle (parfaitement brevetée aussi) de M. de Ruolz, après toutefois celle (non brevetée) de M. de La Rive qui, pendant plus de 10 ans à ma connaissance, a cherché un procédé simple de dorure, sans l'intermédiaire du mercure. Je dois dire cependant que M. Elkington est le premier qui ait fait connaître que l'on pouvait substituer, dans la dorure par la voie humide, au chlorure d'or, un autre sel d'or, l'aurate de potasse, ce qui était déjà un perfectionnement.

A peine la communication de M. de Ruolz eut-elle été faite à l'académie, que de toutes parts on apprit que différentes personnes étaient parvenues à dorer tous les métaux avec une assez grande perfection. M. Elkington est un de ceux qui, dans un rapport, revendique la priorité. Nous voyons aussi dans une notice de M. Louyet, insérée dans le tome VIII des *Annales de l'Académie de Bruxelles*, une réclamation de priorité relativement à l'emploi du bisulfure d'or dans le cyanure de potassium et d'éléments voltaïques.

Je dirai seulement que M. de Ruolz se distingue entre tous les prétendants à la découverte de la meilleure méthode pour la dorure au moyen de la pile,

en ce qu'il a fait connaître le premier, à l'académie,
comment on pouvait appliquer avec facilité, non-seulement l'or, mais encore un métal sur un métal quelconque. La question a donc été envisagée par lui de
la manière la plus générale.

Du choix des dissolutions dépend le succès de l'application des métaux ; sous ce rapport, M. de Ruolz
a été heureux ; car celles dont il s'est servi sont les
plus avantageuses qu'on ait encore trouvées jusqu'ici.

Le rapport rempli de détails intéressants de votre
commission, par l'organe de M. Dumas, n'a donc rien
dit de trop à cet égard.

Le travail de M. de Ruolz y a été envisagé, comme
elle le reconnaît elle-même, plutôt sous le point de
vue technique que sous le rapport scientifique. C'est
actuellement à la science à éclairer l'industrie nais-
sante de la dorure électro-chimique, qui ne connaît
le courant électrique que par la propriété qu'il possède de décomposer les corps, et de transporter leurs
éléments en certains points ou certaines surfaces ap-
pelées pôles. Mais le courant électrique est comme
un torrent qui renverse tout ce qui s'oppose à son
passage : Il sépare, entraîne les parties dans deux
directions différentes, suivant leur nature et les rapports chimiques qui les lient ; et si l'on ne dirige pas
son action, il agit pour ainsi dire tumultueusement en
déposant d'un côté tous les corps qui jouissent des propriétés acides ; de l'autre, tous ceux qui se comportent
comme alcalis ; car, notez-le bien, il n'y a point de
composé chimique, organisé ou inorganisé qui, obéis-
sant à son action, se partage en deux éléments distincts qui eux-mêmes se partagent en deux autres,

ainsi de suite, jusqu'à ce qu'on arrive aux éléments simples.

Pour obvier à ce dépôt tumultueux à chaque pôle, il faut savoir régulariser la marche du courant, le forcer à prendre tel corps plutôt que tel autre; il faut que le dépôt se fasse régulièrement, sur toute l'étendue de la surface, et que la couche en soit égale partout; il faut enfin se rendre maître de son action. Voilà, ce me semble, ce que la science doit indiquer à l'industrie; et n'est-ce pas faute de connaissances précises à cet égard, que rien n'annonce encore qu'on ait pris les précautions nécessaires, pour que l'or soit également réparti sur toute la surface, et que la dorure sur bijoux au moyen de l'électricité, n'ait pas atteint le degré de perfectionnement désirable, c'est-à-dire ce mat vif tant recherché? Ne serait-ce pas par hasard, parce que l'on a opéré sur des dissolutions qui renfermaient encore quelques parties de fer, et parce que l'action était trop rapide? Dans le premier cas, le courant amène sur la pièce à dorer, non-seulement l'or, mais encore le fer et les autres substances métalliques qui se trouvent dans la dissolution, quoique en petite quantité; dans le second cas, une action trop vive ne permettant pas aux molécules de se grouper régulièrement, empêche la production du mat vif.

Ce sont des questions que j'examinerai ci-après.

Il est facile d'expliquer aussi pourquoi certaines dissolutions d'or ne réussissent pas, tandis que d'autres produisent un bon effet. Tout métal oxydable qu'on plonge dans une dissolution neutre d'or la décompose plus ou moins rapidement; l'or se réduit sur la surface du métal; mais si on le rend suffisamment négatif, il n'est plus attaqué par la dissolution, et sa surface reste brillante. Augmente-t-on cet état négatif, alors il décompose la dissolution, non plus en raison de son affinité pour celle-ci, mais à cause de son pouvoir électro-chimique. C'est précisément ce qui arrive, quand on plonge dans l'eau de mer, comme Davy l'a fait, un couple fer et cuivre. Le fer, en rendant électro-négatif le cuivre, non-seulement le préserve, mais encore détermine une action électro-chimique, en vertu de laquelle l'eau et les sels qu'elle renferme sont décomposés. La soude et les bases se déposent sur le cuivre qui conserve son brillant. Il résulte de là qu'en opérant avec un courant électrique simple, si l'on étend suffisamment la dissolution d'or pour que la pièce à dorer qu'on plonge dedans soit assez négative pour ne plus réduire chimiquement le sel d'or, alors l'action électro-chimique décomposante commence.

De même, en opérant avec un courant provenant d'une pile composée d'un grand nombre d'éléments, si la dissolution a une énergie suffisante pour réagir sur le métal à dorer, même lorsque ce métal est en communication avec le pôle négatif, l'action de celui-ci est alors paralysée, et le sel d'or est décomposé par l'action chimique directe, et non par le courant. Voilà pourquoi il n'y a qu'un petit nombre de dissolutions aurifères qui puissent être employées.

Un des avantages de l'emploi de la pile dans la dorure, comme l'a fait M. de Ruolz (1), est de séparer

(1) Mais M. Louyet aussi, huit mois avant M. de Ruolz, avait présenté le même avantage, ce qui n'empêcha pas un monopole monstrueux de peser lourdement sur une grande industrie et d'être exercé d'une façon presque inquisitoriale.

la dissolution métallique aurifère de l'appareil qui fournit le courant; dans ce cas, on n'a pas à craindre des pertes d'or.

Il n'en est pas de même, continue M. Becquerel, avec les appareils électro-chimiques simples, tels que ceux employés jusqu'ici; mais on peut éviter en grande partie cette perte et arriver en même temps à un résultat semblable à celui de M. de Ruolz, en opérant toutefois avec des dissolutions très-étendues; il faut alors plus de temps, mais aussi l'on arrive à la perfection. C'est là toute la différence qui existe entre le mode d'action des appareils composés et celui des appareils simples. Il ne faut pour tout cela qu'invoquer les principes précédemment énoncés. J'expose d'autant plus volontiers les recherches que j'ai faites à cet égard, que tout en pouvant être utiles, elles viennent à l'appui de l'opinion que j'ai émise il y a plus de quinze ans : qu'un seul couple formé d'un métal et de deux liquides différents, de deux métaux et d'un seul liquide, ou de deux liquides différents convenablement choisis, peut produire les mêmes effets qu'une pile composée d'un grand nombre d'éléments, seulement avec plus ou moins de temps, selon le choix des substances employées, leur quantité et leur rapport. On peut ainsi avec un seul couple, se passer dans un grand nombre de cas, d'une pile et même obtenir des effets que celle-ci ne peut donner, surtout quand on désire avoir des produits cristallisés.

Il y a certes là un avantage, car la pile est d'un usage dispendieux et même incommode dans la science et dans la pratique; aussi tous mes efforts ont-ils tendu à la remplacer par un appareil simple, que l'on emploie déjà dans les arts. M. de La Rive a suivi cette marche, en faisant usage pour la dorure, d'un appareil composé d'une plaque de zinc, de la pièce à dorer, d'un diaphragme en vessie contenant la dissolution neutre d'or où plonge cette pièce, et d'un bocal rempli d'eau acidulée dans laquelle plonge le zinc. Dès l'instant que le zinc communique avec le métal à dorer, la dissolution d'or est décomposée, l'or se précipite sur la surface du métal, qui devient noirâtre et légèrement doré. Il suffit alors de frotter la pièce avec un linge fin pour obtenir le brillant. Après plusieurs immersions et opérations semblables, la pièce est dorée avec un beau poli, à peu près de même que la méthode dite d'application. Il est impossible d'obtenir par ce moyen le mat comme le donne la méthode de M. de Ruolz, ce qui restreint nécessairement ses applications ; car le doreur tire un parti avantageux du mat qu'il transforme en poli à l'aide du brunissoir. Il est facile d'expliquer pourquoi il ne peut en être ainsi dans le procédé de M. de La Rive : La dissolution n'étant ni assez neutre ni assez étendue, la pièce à dorer réagit chimiquement sur la dissolution d'or, il en résulte un courant électrique dirigé en sens inverse du premier, de façon que l'on n'a que la différence d'action des deux courants.

C'est pour ce motif que la pièce est en partie dorée par l'action électro-chimique, et en partie recouverte d'or réduit. En général, pour que l'action électro-chimique produite par le courant provenant de la réaction de l'eau acidulée sur le zinc fût à son maximum, il faudrait que la pièce à dorer ne fût pas attaquée par la dissolution aurifère ; c'est ce qui a lieu pour le platine, qui se dore par ce moyen avec une grande facilité.

Dans la méthode de M. de La Rive, une partie de la dissolution d'or est décomposée par la vessie qui se recouvre d'or; une autre ne tarde pas à passer au travers, et est réduite par le zinc, dont l'action est alors diminuée en raison des couples secondaires zinc et or qui se forment à sa surface. On est alors forcé de recueillir l'or disséminé et sur la vessie et sur le zinc. De plus, l'eau acidulée étant un bon conducteur pour l'électricité, il s'ensuit qu'une portion des deux électricités, dégagée dans sa réaction sur le zinc, se recombine dans le liquide même, ce qui diminue d'autant l'intensité du courant.

On peut néanmoins éviter les inconvénients du diaphragme en vessie, obtenir le mat avec les appareils simples et une adhérence peut-être plus forte encore de l'or qu'en employant la pile; mais il faut opérer dans d'autres conditions. On a vu précédemment que lorsque deux dissolutions de même nature, ayant même densité et ne différant entre elles qu'en ce que l'une renferme une très-petite quantité d'un composé qui ne se trouve pas dans l'autre, sont séparées par un diaphragme de toile, de terre demicuite, de porcelaine dégourdie ou d'argile humide, les phénomènes d'endosmose et d'exosmose ne se manifestent qu'à un faible degré, et même n'ont lieu qu'après un certain laps de temps, lorsque, la densité étant différente ainsi que les composés, le diaphragme est formé d'une couche d'argile suffisamment épaisse, humecté de l'une des dissolutions. On peut se servir de ce principe pour l'application de l'or sur divers métaux, et avoir le mat en faisant usage des appareils simples. Le mat étant la conséquence d'une très-forte adhérence de l'or aux métaux, et de l'état d'aggrégation de ses molécules, ne peut être obtenu qu'avec des dissolutions suffisamment étendues, car si l'on opère avec des dissolutions d'une densité égale à celles de M. de Ruolz, on retombe dans les effets de M. de La Rive, dont on a parlé précédemment.

Les liquides employés sont : le double cyanure de potassium et d'or, et la dissolution du cyanure d'or dans l'eau salée.

Une solution formée avec 1 gramme de chlorure d'or sec, 10 grammes de cyanoferrure jaune de potassium et 100 gram. d'eau, ne donne qu'une couleur d'or sale rejetée par l'industrie. Pour obtenir le mat, il faut étendre cette solution de plusieurs fois son volume d'eau. L'expérience suivante indique la disposition la plus simple que l'on puisse employer pour des essais en petit.

On a pris un tube de verre de 1 centimètre de diamètre et de 10 centimètres de longueur; un des bouts a été fermé avec du kaolin en pâte un peu consistante, humecté d'eau salée et formant une espèce de tampon de 1 centimètre de longueur, et ce même bout fut coiffé avec du linge pour retenir le kaolin. Il faut bien se garder de mettre aucune substance organique dans l'intérieur du tube, sur l'argile, attendu qu'elle serait réduite par le sel d'or. Le tube a été rempli de la dissolution étendue de double cyanure d'or et de potassium. On a plongé ensuite dedans un cylindre de laiton poli et parfaitement décapé, comme on le fait dans les arts, avec un mélange d'acide nitrique concentré et de suie, décapage qui se fait en frottant avec un linge humecté du mélange, plongeant immédiatement la pièce dans l'eau, replongeant de nouveau, et ainsi de suite, et essuyant bien quand le décapage est arrivé au degré voulu.

Le tube a été placé dans une éprouvette remplie d'une dissolution à même densité de cyanoferrure jaune de potassium, renfermant du sel marin, mais privé d'or, dans laquelle plongeait une lame de zinc que l'on mit en communication avec le cylindre de laiton au moyen d'un fil de cuivre. La décomposition électro-chimique ne tarda pas à se manifester, l'or se précipita sur le laiton, et dix minutes après sa surface avait déjà un aspect mat. L'opération fut continuée jusqu'à ce que tout le cyanure d'or, et même une grande partie du cyanure de potassium, fût décomposé. On retira alors le cylindre qui était doré mat, comme par la méthode de M. de Ruolz.

La dissolution contenue dans le tube était devenue très-alcaline, conséquence de l'action du courant sur les sels alcalins. Dans ce cas, le zinc étant attaqué par suite de la réaction du cyanure et du chlorure alcalin, il se forme un cyanure et un chlorure de ce métal, tandis que la soude est transportée sur le laiton, et, devenant libre, réagit sur le sel d'or, le décompose, sépare l'or qui, étant attiré par ce même laiton en raison de son état négatif, se dépose sur sa surface et y adhère d'autant plus fortement que l'action a été plus lente. Ce dépôt résulte donc de deux actions combinées : d'une action chimique et d'une action électro-chimique. C'est ce concours qui donne une puissance si grande aux appareils électro-chimiques simples, et qui leur permet de rivaliser avec les piles composées d'un grand nombre d'éléments.

Quand on s'aperçoit, par la lenteur des effets produits, que le zinc est faiblement attaqué par la dissolution mixte de cyanure et de chlorure alcalins, on augmente la proportion de celui-ci et même on remplace entièrement la dissolution par une autre plus ou moins concentrée de sel marin. Mais, dans tous les cas, il faut bien se garder d'employer des acides par les raisons ci-dessus mentionnées, les effets électrochimiques dépendant de l'épaisseur du tampon d'argile, et de son état plus ou moins pâteux, on ne peut donner aucune règle à cet égard. Quoique l'endosmose soit très-faible, néanmoins elle finit par avoir lieu si l'on n'a pas l'attention de changer de temps à autre la cloison en argile, etc... Conclusion en faveur des appareils simples.

Et M. Becquerel dit plus loin :

« Après avoir envisagé la question sous le point de vue scientifique, je vais le faire sous le rapport industriel. A cet effet, je me suis entouré des documents qui pouvaient m'éclairer le plus en m'adressant aux artistes les plus habiles de la capitale.

Je commençai par indiquer les dispositions qui m'ont paru les plus convenables pour dorer les objets d'une certaine étendue. On peut prendre d'abord une cloche en verre ayant à sa partie supérieure une large tubulure que l'on remplit de kaolin ou d'argile ordinaire, privé de calcaire, retenue par une coiffe de linge ficelée autour de la paroi extérieure de la tubulure. On passe la cloche dans une ouverture pratiquée dans une planche jusqu'à ce que son bord inférieur affleure le bord de la planche. On l'assujettit au moyen de coins en bois, après quoi la cloche est renversée; on la remplit de la dissolution d'or, et on la plonge, par la tubulure, dans un seau de faïence ou autre contenant une solution plus ou moins saturée de sel marin, avec la condition que les deux solutions soient à la même hauteur, afin d'éviter qu'une différence de pression ne tende à faire passer un liquide d'un vase dans un autre. On opère ensuite comme il a été dit ci-dessus. Quand l'épaisseur de la couche d'argile est de plusieurs centimètres, et qu'elle a été suffisamment tassée, on n'a pas à craindre d'endosmose, du moins d'une manière sensible pendant l'espace de plusieurs jours.

Quand on veut faire concourir l'action de la chaleur avec celle des forces électro-chimiques, il faut chauffer le seau de faïence au bain-marie.

Cette indication doit suffire pour diriger les industriels dans la construction des appareils.

Il faut bien se garder d'employer du zinc amalgamé, car, outre qu'en le manœuvrant, il peut tomber du mercure dans la dissolution d'or, on a à craindre encore qu'il ne se forme de petites quantités de chlorure de mercure qui finissent par passer à travers l'argile, et de là dans la dissolution d'or où elles sont réduites en même temps que de l'or.

On peut encore prendre pour diaphragmes des vases cylindriques en porcelaine dégourdie; mais il ne faut en faire usage qu'autant que les deux dissolutions ne diffèrent que par la présence de l'or dans l'une d'elles, car sans cela l'endosmose est toujours assez marqué. Les diaphragmes d'argile humide sont, dans tous les cas, préférables aux vases en porcelaine dégourdie; néanmoins on obtient les mêmes résultats en opérant de la manière suivante :

On prend un sac en toile à voile que l'on remplit à moitié ou aux deux tiers d'argile en pâte demi-liquide, et l'on introduit dedans un cylindre à minces parois en porcelaine dégourdie, de manière qu'il se trouve au milieu du sac et que l'argile vienne au niveau du diaphragme dont le diamètre doit être assez grand pour que l'épaisseur de l'argile soit partout de 1 à 2 centimètres. Au moyen de cette disposition, on a tous les avantages cylindriques et d'argile, attendu que l'action est uniforme et qu'on n'a pas à craindre d'endosmose, du moins d'une manière assez sensible pour nuire aux résultats.

J'ai dit précédemment que pour que la dorure fût uniforme, c'est-à-dire que la couche d'or déposée fût sensiblement la même sur toutes les parties de la pièce, il fallait ne pas la placer d'une manière quelconque par rapport au zinc. Supposons que l'on plonge dans une dissolution quelconque deux lames de platine en relation avec les deux pôles d'une pile, et que le courant exerce son action décomposante sur les deux parties constituantes de la dissolution, les parties acides se déposeront autour de la lame positive, mais en plus grande quantité sur la surface qui se trouve du côté de la lame négative que de l'autre ; il en sera de même des éléments alcalins, relativement aux deux surfaces de la lame négative. Ce n'est pas encore tout, le dépôt sera plus considérable dans la partie inférieure que dans la partie supérieure. On peut remédier, à la vérité, à cet inconvénient en en retournant d'abord les lames, puis les renversant. Mais cela ne suffira pas encore si cette manœuvre se fait à des intervalles un peu éloignés, car la pile fonctionnant sans interruption, la dissolution sur laquelle on opère est de moins en moins saturée ; de sorte que, pendant le même temps, il ne se forme pas un dépôt de même épaisseur sur les lames. On n'atteindrait donc pas l'uniformité désirable.

Ce court exposé doit faire sentir que pour dorer, même avec la pile, il ne faut pas se borner à prendre pour pôle négatif une lame de platine, et pour pôle positif la pièce d'essai placée d'une manière quelconque, par rapport à la lame de platine, dans le bain d'or..... »

M. Becquerel termine son rapport par des considérations favorables à l'appareil simple, toujours en recommandant, comme substance poreuse propre à constituer les meilleurs diaphragmes, l'argile exempte de calcaire ou le kaolin.

Bien que ce rapport de notre savant académicien date déjà de bon nombre d'années, nous ne sachons pas que l'industrie ait adopté le mode d'appareils qu'il décrit avec tous les détails nécessaires pour qu'aucune des lois qui président à son fonctionnement échappe au praticien doué de quelque intelligence. Mais si les appareils inventés par M. Becquerel n'ont pu satisfaire la pratique, les pages qui précèdent resteront comme un monument, comme un code des lois qui régissent les actions électro-chimiques ; elles démontrent une étude profonde et persévérante de la matière. Aussi ne saurait-on mieux faire que de s'inspirer de ces savantes indications. Quoique la pile soit généralement employée aujourd'hui, il peut se présenter des cas où l'emploi de l'appareil simple soit nécessité pour une cause ou pour une autre, et, bien que les tampons de kaolin ou d'argile aient peu de chances d'être appliqués, on pourra du moins employer les vases poreux et choisir avec discernement les liquides excitateurs les plus convenables, et en régler le degré de densité avec connaissance de cause.

Nous avouerons que nous ne sommes pas d'accord avec le grand maître sur le meilleur moyen d'obtenir le mat commercial. Le procédé de M. Becquerel, nous osons le dire, n'est pas pratique. Comment s'y prendrait-on avec sa méthode pour faire sortir d'un atelier de dorure, comme chez M. Mourey ou autre maison de la même importance, trente à trente-cinq pendules dorées au mat dans une journée? Comment s'y prendrait-on encore pour satisfaire à la fabrication du bronze doré, comme cela se pratique dans nos premières maisons de dorure, comme MM. Picard, Masselotte, Poly, etc., qui livrent par jour des centaines de kilog. de bronze doré sous forme de pendules, lustres, candélabres, flambeaux, coupes, etc. Il est évident que la fabrication serait frappée de paralysie par la lenteur des opérations et l'insuffisance des moyens d'action. Mais, comme le dit lui-même très-judicieusement M. Becquerel :

« Comme cela se voit très-fréquemment, celui qui découvre un art n'est pas toujours celui qui le porte à la perfection, car c'est dans la pratique que l'on reconnaît les avantages et les inconvénients qui amènent ou retardent le perfectionnement. Il faut pour cela le concours d'un grand nombre de personnes. En attendant, l'honneur appartient à l'inventeur. »

Il est à regretter également que la conviction dont était pénétré M. Becquerel de la supériorité des appareils simples ait éloigné son attention des agissements de la pile avec complication d'anodes solubles. Il nous parle bien et même avec une faveur marquée du procédé de M. de Ruolz, mais il n'y est pas question de lames solubles.

Préparation du chlorure d'or Au² Cl.

§ 97. On prendra 100 grammes d'or laminé en feuilles très-minces et affiné jusqu'à 1,000 millièmes, ou tout au moins de 997 à 999, c'est-à-dire aussi pur que possible. On les introduira dans un ballon de la contenance d'un litre et demi à deux litres.

On composera ensuite son eau régale en tenant compte de la concentration des acides hydrochlorique et azotique, ce que l'on peut faire à l'aide du pèse-acide (aréomètre de Baumé). Je renvoie, pour le cas où l'on voudrait s'identifier avec les proportions définies d'un de ces acides marquant tel ou tel degré avec l'autre de ces acides, à la savante note sur l'eau régale du docteur Kaiser, insérée dans le *Technologiste*, 6ᵉ année, page 168. La manière d'être de ces acides à l'égard l'un de l'autre, en raison du degré qu'ils comportent respectivement, est indispensable à connaître, surtout pour les industriels, exposés qu'ils sont à rencontrer des acides de différents degrés de concentration, circonstance qui les met souvent en erreur, attendu que ne tenant aucun compte de cette différence, ils composent presque toujours l'eau régale dans des proportions invariables en volume. D'où il résulte qu'ils ne peuvent souvent dissoudre complétement la quantité de métal qu'ils supposent attaquable par une quantité proportionnelle d'eau régale.

Je prends la première ligne du tableau de cette note, et je suppose que l'acide hydrochlorique marque 25°, pour dissoudre 100 grammes d'or, il en faudra 100 grammes et 108 gram. d'acide azotique pur à 42 degrés.

Il en faudra :

126 grammes si l'acide azotique marque 38 degrés.
150 — — — — 34
184 — — — — 29
216 — — — — 24
Et 228 — — — s'il marque 19

On voit donc qu'il n'est pas indifférent de connaître le degré de concentration des acides, puisque, dans le dernier cas, il faudra presque le double de l'acide azotique que dans le premier.

On versera donc l'eau régale (108 grammes d'acide azotique et 100 grammes d'acide hydrochlorique) dans le ballon où l'on a placé l'or, et on le portera sur un fourneau muni d'un bain de sable parfaitement desséché, car si le sable était humide, il pourrait entraîner la rupture du ballon.

Lorsque le métal est dissous, afin d'évaporer l'acide avec plus de facilité, on verse le chlorure d'or dans une capsule qui remplace le ballon sur le bain de sable, et avec une baguette de verre, on agite la dissolution. On doit aussi s'attacher à mener le feu avec modération, afin d'éviter les projections de chlorure liquide hors de la capsule. On continue d'agiter jusqu'à ce que le liquide s'épaississe, prenne sur la baguette et sur les parois de la capsule. En ce moment, le sel doit avoir acquis une belle couleur orange foncée.

Si l'on poursuivait l'opération jusqu'à ce que le sel noircisse, il y aurait de l'or réduit à l'état métallique, accident qui ne serait pas des plus déplorables au cas où le sel d'or serait destiné à être employé tel quel sans autre transformation, attendu que l'or réduit se laisserait dissoudre dans une dissolution concentrée de cyanure de potassium.

Le sel étant pris en masse dans la capsule, on le dissout dans fort peu d'eau pour en séparer le chlorure d'argent; on le rapproche de nouveau et on le porte à la température de 200 degrés en l'agitant constamment. Cette opération a pour but de le faire passer à l'état de protoxyde, car sa constitution première étant :

Au^2.	2458.32	64.89
Cl^3.	1339 60	35.11

devient :

Au^2.	2458.32	84.96
Cl.	1143.20	15.06

$Au^2 Cl^3$ étant le perchlorure avec trois atomes de chlore (ou 35,11 pour 100) et 64,89 de métal, tandis que le protochlorure $Au^2 Cl$ ne contient qu'un atome de chlore (ou 15,06 pour 100) et 84,96 de métal.

On voit donc qu'il y a avantage, dans tous les cas, à ramener le sel d'or à l'état de protochlorure, soit que l'on veuille l'employer à la confection des bains, soit que l'on veuille le transformer en cyanure ou tout autre sel par double décomposition.

Il m'a paru nécessaire de donner ces indications sur la constitution des deux sels. Elles seront certainement utiles, n'auraient-elles pour but que de tenir les praticiens en garde contre un excès d'acide et de leur faire connaître la quantité de matière sur laquelle ils ont droit de compter lorsqu'ils l'achètent tout fabriqué chez le marchand de produits chimiques. Enfin, ils y trouveront aussi un excellent procédé, ou plutôt une excellente règle à suivre pour composer l'eau régale.

Préparation de l'acide aurique $Au^2 O^3$.

§ 98. Pour la préparation de ce produit que nous emploierons à la fabrication du cyanure d'or, nous prendrons le chlorure d'or que nous venons de produire ; on le placera dans une capsule en porcelaine, et pour 100 grammes on ajoutera deux litres d'eau. Lorsque l'or sera dissous, on élèvera la température jusqu'à un état voisin de l'ébullition. Alors on ajoutera peu à peu de la magnésie aussi longtemps que la liqueur précipitera.

Le dépôt se forme au fond de la capsule à l'état de poudre noire. Alors, pour se débarrasser de l'eau-mère, on filtre, l'oxyde d'or est retenu sur le papier, et pour évincer la magnésie lorsque toute l'eau-mère est passée dans le récipient, on lave le précipité avec de l'eau aiguisée d'acide azotique qui dissout la base terreuse.

Le produit obtenu est placé dans un flacon noir à large ouverture et couvert d'eau, afin de le conserver dans l'état d'hydratation qui convient à nos besoins. Sa composition est :

Au^2.	2458.32	89.12
O^3.	300.00	10.88

Soit 89,12 de métal et 10,88 ou trois équivalents d'oxygène.

Dans leur excellente chimie, MM. Pelouze et Fremy publient un autre procédé de préparation de cet oxyde. Voici en substance ce que dit M. Fremy :

Le perchlorure d'or est traité par une dissolution de potasse pure qui le décompose. Si la dissolution est concentrée, elle prend une teinte brune et laisse précipiter un corps jaune et amorphe que l'on pourrait prendre pour de l'acide aurique, mais qui n'en est pas, car il se dissout complétement dans l'eau lorsqu'on le lave.

On ajoute dans la liqueur assez de potasse pour redissoudre le précipité, et l'on fait bouillir pendant un quart-d'heure environ. La liqueur passe du brun au jaune clair, et pendant l'ébullition, le perchlorure d'or, grâce à l'excès de potasse, est transformé en aurate de potasse.

Si l'on négligeait les précautions indiquées précédemment, il serait impossible d'obtenir de l'acide aurique pur. Ainsi, si on arrête l'ébullition lorsque le liquide conserve encore une coloration rouge, et si l'on veut traiter la liqueur par un acide pour précipiter l'acide aurique, on reconnaît que l'opération n'a pas été complétée, car le produit se dissout dans l'eau. Donc, en suivant les indications de M. Fremy, on obtiendra un produit parfait par ce procédé. Il y a à craindre que la potasse retienne beaucoup d'or.

Préparation du cyanure d'or Au² Cy.

§ 99. Le sel dont nous allons donner le meilleur mode de préparation en même temps que le plus économique, n'a pas d'équivalent parmi les autres sels d'or pour donner à la dorure ce ton orangé si recherché. Vainement a-t-on cherché à lui substituer le chlorure, l'aurate de potasse, l'oxyde, le sulfure, etc., aucun de ces produits n'a pu le remplacer, par cette raison que sa composition n'apporte aucun trouble, aucun élément hétérogène dans la dissolution de cyanure de potassium. Tandis qu'avec le chlorure d'or, pendant que ce sel se transforme en cyanure d'or aux dépens de la dissolution, les trois atomes de chlore qu'il contient, quand on emploie le perchlorure, se portent sur une partie de la dissolution pour la transformer en chlorure de potassium, et rendent ainsi inutiles les précautions que l'on aura prises dans la préparation du cyanure de potassium pour évincer ce produit. Il en est un peu de même pour les autres dérivés d'or dont j'ai parlé.

Le cyanure d'or étant donc un sel *sui generis* avec le cyanure de potassium, doit être préféré dans tous les cas. Voici comment je le prépare :

Dans le flacon à deux tubulures de l'appareil qui nous a servi pour le cyanure d'argent (fig. 74), on place l'acide aurique que l'on couvre d'un litre d'eau distillée, et l'on met dans le ballon les mêmes quantités de cyanoferrure et d'acide sulfurique recommandées pour le cyanure d'argent, soit 250 grammes cyanoferrure, 150 acide sulfurique et 150 eau. On monte l'appareil, on lute avec soin et l'on met le feu en train, le tout à l'abri de la lumière.

L'acide cyanhydrique ne tarde pas à passer. Il paraît d'abord sans action sur l'acide aurique; mais on se trouve tout étonné de voir disparaître ce dernier sans qu'il en reste trace, sans qu'aucun trouble, aucune action apparente se manifeste dans l'eau du flacon, cette eau restant limpide et ne paraissant rien contenir; mais l'opération continuant, on voit bientôt apparaître au-dessus du liquide une poudre d'un beau jaune qui peu à peu vient en couvrir toute la surface,

puis bientôt tombe et s'accumule sur le fond du flacon. On continue l'opération jusqu'à ce que le précipité cesse. On démonte l'appareil, on jette l'eau-mère
dans les eaux de rinçage, et on lave le cyanure d'or
que l'on conserve sous l'eau. Composition :

Au².	2458.32	88.82
Cy.	325.00	11.68

c'est-à-dire 88,32 de métal et 11,68 de cyanogène.

§ 100. *Autre préparation du cyanure d'or.*

Lorsque le chlorure d'or est pris en masse, on le
dissout dans 2 à 300 grammes d'eau, et on versera
de l'ammoniaque liquide en agitant avec une baguette de verre jusqu'à ce que l'ammoniaque ne précipite plus, puis on abandonnera au repos pendant
quelques heures, afin de donner à la réaction le temps
de s'accomplir. Après ce temps, si l'ammoniaque a
été versée en quantité suffisante, l'ammoniure d'or
qui en résulte s'est séparé de l'eau-mère et occupe
le fond de la capsule. Ce produit est connu en chimie
sous le nom d'or fulminant. On décante l'eau-mère
et on porte l'ammoniure sur un filtre où il est lavé
à plusieurs eaux. Après quoi, on place le produit dans
une capsule pouvant contenir 2 à 3 litres.

On prépare alors une dissolution concentrée de
cyanure de potassium, 300 grammes dans 1 litre d'eau
distillée que l'on verse dans la capsule. On aide la
dissolution de l'ammoniure d'or par un peu de chaleur, et lorsque le tout est bien dissous, on filtre, puis
on rapproche ce produit qui est un double cyanure
d'or et de potassium, à l'aide d'une chaleur modérée

ne dépassant pas 35 à 40 degrés; mieux vaudrait porter la capsule dans une étuve dont la température serait maintenue à ce degré.

Le double sel étant près de cristalliser, on verse peu à peu de l'acide chlorhydrique pur en agitant avec précaution. Il se forme une quantité considérable de mousse qui se fait remarquer par de grosses vessies, sur lesquelles on voit courir quantité de petits points jaunes qui vont se réunissant vers les parties déclives des orbes de cette mousse. C'est du cyanure d'or enlevé par la violence de l'émulsion. On fait rentrer la mousse dans le liquide à l'aide d'une spatule, et on porte sur le feu afin d'aider la réaction. Alors on voit le cyanure d'or précipiter au fond de la capsule. Lorsque l'acide chlorhydrique ne détermine plus de précipité, on arrête d'en verser. Néanmoins, on laisse encore sur le feu quelques instants, puis on sépare le cyanure d'or, soit par voie de décantation, soit en le jetant sur un filtre et on le lave à plusieurs eaux.

Dès les premières années de la dorure, j'ai préparé d'après cette méthode quantité de cyanure d'or pour les doreurs suisses de Genève, la Chaux-de-Fond, le Val-Saint-Imier, etc., mais je préfère le premier procédé.

§ 101. *Préparation de l'or à l'état de pureté* (PELOUZE et FREMY).

Lorsque l'on se trouve éloigné d'un grand centre et qu'il devient difficile de se procurer de l'or à $\frac{1000}{1000}$, on peut se servir de l'or monnayé en l'épurant d'après le procédé de M. Levol que nous empruntons à la chimie de MM. Pelouze et Fremy.

On dissoudra une pièce d'or bien amincie par le marteau et lavée dans une eau régale composée de 1 partie d'acide azotique à 20° de l'aréomètre, et 4 parties d'acide chlorhydrique du commerce. On étend d'eau le chlorure qui en résulte et l'on filtre pour en séparer le chlorure d'argent. On y ajoute ensuite un excès de protochlorure d'antimoine dissous dans un mélange d'eau et d'acide chlorhydrique. L'or se précipite au bout de quelques heures, surtout lorsque l'on chauffe légèrement la liqueur, sous la forme de petites lames cohérentes qui se rassemblent rapidement. On le lave d'abord avec de l'acide chlorhydrique, puis avec de l'eau distillée, et on le fond dans un creuset de terre avec une petite quantité de salpêtre et de borax.

Préparation des sulfures d'or, Au^2S et Au^2S^3.

§ 102. Le protosulfure d'or Au^2S s'obtient facilement en décomposant le sulfure de fer ou tout autre, dans un ballon par l'acide sulfurique étendu d'eau, et dirigeant le gaz sulfhydrique dans une dissolution bouillante de perchlorure d'or. On voit le protosulfure se précipiter au fond du vase à l'état de poudre brune. C'est là sans doute le sel dont a voulu parler M. Louyet, le professeur de Bruxelles, dans son mémoire à l'académie de cette ville, et dont il prétend avoir fait usage dissous dans le cyanure de potassium, 8 mois avant la prise de brevet de M. de Ruolz.

Le persulfure Au^2S^3 se prépare absolument de

même que le protosulfure, avec cette différence que l'on fait intervenir l'hydrogène sulfuré dans une dissolution de perchlorure d'or.

Ces sels se dissolvent parfaitement dans le cyanure de potassium; ils donnent, lorsqu'ils ont été préparés avec soin et bien lavés avec de l'eau contenant de l'hydrogène sulfuré, une dorure très-relevée en ton. La couleur ne ressemble en rien à celle obtenue par le cyanure d'or. Cette dernière a besoin d'être remontée par la couleur, tandis qu'avec le sulfure, on peut parfaitement s'en passer.

§ 103. *Analyse des alliages d'or par la coupellation.*

Les doreurs sont exposés à faire faire de fréquents essais de leurs bains, et presque toujours le titre accusé est inférieur à la quantité d'or contenue dans le liquide. Le mal n'est pas très-grand, lorsqu'il ne s'agit que de s'assurer si le bain contient encore assez de matière pour perfectionner dans de bonnes conditions ou s'il exige une nouvelle mise d'or. Mais autre chose est lorsqu'il s'agit d'avoir exactement la quantité de matière précieuse d'un liquide qui doit être remplacé, et conséquemment vendu à sa valeur.

Il est vrai que l'on a la ressource des essais comparatifs, soit que l'on en confie un à la Monnaie, et l'autre à un essayeur juré, mais il serait mieux que les chefs des grands établissements de dorure pussent se rendre compte des valeurs qu'ils ont en maniement. Ainsi, je suppose que l'on ait doré pendant toute une semaine dans un bain monté à 12 grammes par litre, on aura par la différence de poids de l'anode une partie de l'or employé, mais le bain aussi aura fourni son contingent, et c'est précisément cette somme empruntée au liquide que le maître doreur devrait être en état de savoir apprécier exactement, cette connaissance faisant partie de son éducation industrielle.

Le procédé le plus simple et le plus facile à apprendre est la coupellation, méthode qui ne dépense que peu de temps. Elle repose sur ce principe : que l'or est inaltérable au contact de l'air dans un milieu où la température est des plus élevées, tandis que les autres métaux comme le cuivre ou autres sont rapidement transformés en oxydes. Comme exemple, si nous plaçons dans trois coupelles différentes soumises à l'action d'une température rouge blanc, dans la première, 1 gramme d'or laminé ; dans la seconde, 1 gramme de cuivre également laminé, et enfin dans la troisième, même quantité de plomb, après quelques instants de séjour dans la moufle où seront déposées les coupelles, nous retrouverons un bouton d'or parfaitement lisse et luisant, et dans les autres coupelles, de l'oxyde de cuivre et de plomb.

Or, par un long usage, les bains dans lesquels on dore le bronze se chargent insensiblement de cuivre, comme ceux qui servent à dorer l'argent se chargent d'argent ; et c'est en raison de la quantité d'or que les vendeurs de cendres les achètent ou plutôt qu'ils les paient. Pour faire un essai, ils prennent 100 centimètres cubes du bain, qu'ils versent dans une capsule en porcelaine portée sur un feu très-doux, de manière à pouvoir évaporer le liquide jusqu'à siccité sans projection hors de la capsule, puis après l'avoir calciné, ils placent le produit dans un creuset en l'additionnant d'un flux quelconque.

Comme les vieux bains ne contiennent guère que 3 à 4 grammes d'or par litre, l'essayeur se trouve alors dans l'obligation d'agir sur une plus grande quantité de bain ; 200 centim. cubes sont souvent nécessaires.

L'or séparé par la fusion des sels qui l'accompagnaient se réunit au fond du petit creuset en un culot qu'on lave, que l'on sèche et que l'on aplatit d'un coup de marteau, puis on dispose l'analyse. Ordinairement, les vieux bains d'or ne contiennent guère au-delà de 6 à 10 pour 100 de cuivre mélangé de zinc. Pour s'assurer du titre approximatif qu'ils représentent, on peut en passer une petite partie à la coupelle, 0 gr. 100, ou 200 avec 0,300 d'argent et 1 gramme de plomb, ou 0,600 d'argent et 2 grammes de plomb pour 2 décigrammes. Traité par 5 à 6 grammes d'acide azotique bouillant pour 1 décigramme et par 11 à 12 pour 2 décigrammes, le bouton aplati laisse un résidu dont le poids indiquera la quantité approximative d'or contenue dans l'essai.

Ce premier procédé peut suffire aux doreurs pour les diriger, lorsqu'il s'agit d'alimenter leurs bains, attendu qu'il leur suffit de savoir à quelques décigrammes près l'or qu'ils doivent ajouter.

Pour continuer l'analyse, le titre étant à peu près indiqué par l'opération préparatoire, on pèse avec soin 5 décigrammes de culot auquel on ajoutera 1,500 d'argent, on plie l'or et l'argent dans un petit carré de papier.

D'autre part, on pèse 5 grammes de plomb que l'on place dans une coupelle bien rouge. Lorsque le plomb présente une surface légèrement en goutte de suif, bien nette et brillante, on y dépose le papier contenant l'or et l'argent.

Bientôt on voit le bouton se former en s'arrondissant et se fixer; c'est alors qu'il convient de le retirer du feu. Lorsqu'il est froid, on l'aplatit et on le recuit pour le laminer, puis on le recuit de nouveau afin de pouvoir rouler la feuille en forme d'estompe; ainsi préparée, elle prend le nom de cornet, que l'on glisse dans un petit ballon à très-long col, on ajoute de l'acide azotique (35 à 40 grammes) à 22° Baumé, dans lequel on le fait bouillir pendant 20 à 25 minutes, puis on le fait de nouveau bouillir pendant 10 minutes avec 25 à 30 grammes d'un acide plus concentré (32°). Cette opération prend le nom de départ.

Après l'avoir fait successivement bouillir dans les deux acides, le cornet est lavé à deux ou trois eaux distillées. Par la séparation de l'argent et du cuivre, la lame n'a plus de cohésion. Elle ressemble à un tamis et devient très-difficile à manier; à cet effet, on remplit le petit ballon d'eau jusqu'au sommet du col, on le coiffe avec un petit creuset et renverse le tout avec précaution pour faire glisser le cornet dans le fond du creuset sans se briser. On décante l'eau qui le couvre, et après avoir fait sécher le creuset avec précaution, on le chauffe au rouge, le métal étant recuit et pesé accuse exactement le titre de l'alliage.

Pour résumer l'opération, on coupelle l'or à analyser à une température modérée avec une certaine quantité d'argent qu'une longue expérience a démontré devoir être d'une partie d'or et trois parties d'argent. Ensuite on attaque le bouton par l'acide azotique en excès qui dissout les métaux que contenait l'alliage et qui laisse l'or à l'état de pureté.

L'opération qui consiste à unir 3 parties d'argent à 1 partie d'or prend le nom d'inquartation et indique que le premier doit être au second dans le rapport de 1 à 3.

En ce qui concerne la quantité de plomb nécessaire pour passer l'alliage à la coupellation, sa proportion augmentera en raison de celle du cuivre.

Voici le meilleur dosage que les expériences faites au laboratoire de la Monnaie de Paris ont établi :

Titre de l'or allié au cuivre.	Quantité de plomb nécessaire.
1000.	1 partie de plomb.
900.	10 —
800.	16 —
700.	22 —
600.	24 —
500.	26 —
400. 300. 200. 100.	34 —

Donc une monnaie ou un alliage dont le titre moyen est de 900 millièmes exige, pour être passée à la coupelle, dix fois son poids de plomb. En opérant sur 0gr.500 comme on le fait ordinairement, il faudra coupeller l'alliage avec 1 gr.350 d'argent et 5 grammes de plomb.

§ 104. *Préparation du cyanure de potassium,* KCy.

Ce produit se trouve en qualité supérieure comme tous ceux qui se fabriquent dans cette maison de confiance, MM. Poulenc et Wittmann. Néanmoins, et quoiqu'il y ait avantage de l'acheter, surtout lorsqu'il ne s'agit que de quelques kilogrammes, nous indiquons le procédé que nous avons toujours suivi pour l'obtenir et que l'on doit au savant chimiste allemand Liebig.

On se procure un vase en fer muni d'un couvercle de la contenance de 20 à 25 kilogrammes, plus profond que large et d'une épaisseur de 8 à 10 millimètres. On le place dans un fourneau dont les dispositions sont telles que la chaleur puisse être ménagée sous le centre du vase et atteindre plus particulièrement ses côtés ou plutôt la périphérie jusqu'aux deux tiers de sa hauteur.

D'autre part, on pulvérise 10 kilogrammes de cyanoferrure de potassium de première qualité et 6 kilogrammes de carbonate de potasse exempt de chlorure et de sulfure, on brasse ensemble les deux produits de manière à rendre le mélange intime, puis on le dessèche dans une marmite en fer, jusqu'à ce qu'il ne s'échappe plus de vapeur d'eau.

M. Liebig dit que l'addition du carbonate de potasse laisse peu d'avantage. Cette opinion est la nôtre qui apprécions tout ce que vaut un bon cyanure, mais elle n'est pas partagée par tous les marchands de produits chimiques. Nous en connaissons qui ont trouvé bon d'inverser les proportions de prussiate et de carbonate et qui, sous le nom de cyanure de potassium, vendaient et vendent encore à bas prix, il est vrai, de la potasse cyanurée, manquant de propriété dissolvante et compromettant la qualité des bains. Mais revenons à notre opération.

Le mélange étant bien sec, on en introduit le tiers dans le creuset et on chauffe jusqu'à ce que le produit sans cesse agité, retourné avec une spatule en fer à long manche, commence à fondre. Alors on ajoute une nouvelle quantité du mélange et peu à peu attendant toujours qu'un commencement de fusion se manifeste dans toute la masse avant d'en ajouter de nouvelles portions. On ne doit cesser de brasser que lorsque le tout est liquéfié ; alors on couvre le creuset. On voit de temps à autre s'élever des flammes bleues d'oxyde de carbone, on élève la température jusqu'à ce que le produit, vu dans l'obscurité, gagne la couleur rouge sombre et commence à devenir limpide. Dans ce cas, on essaiera le produit en trempant dans la masse fluide l'extrémité de la spatule, ou d'une petite baguette de fer à cet usage. Si le cyanure qui s'y attache est d'un beau blanc, on arrêtera l'opération en retirant le feu, et on laissera déposer le carbure de fer provenant de la décomposition du cyanoferrure, et on retirera le vase du feu. On le posera à terre, on l'enlèvera d'un centimètre environ pour le laisser retomber brusquement. On renouvellera ces secousses jusqu'à ce que le liquide apparaisse dégagé de toute matière en suspension. Enfin, on le portera au-dessus d'une cuvette en fonte de fer, à rebord de 6 à 8 centimètres de hauteur et dont l'intérieur a été poli au tour. Pendant que deux aides tiendront le vase suspendu à l'aide d'une barre de fer passée dans les oreilles du vase, un troisième l'inclinera tout doucement avec une branche de fer dont l'extrémité, percée d'un trou, correspond à un mamelon se trouvant à cet effet venu à la fonte sous le fond du vase.

On arrêtera de verser, lorsque le carbure de fer se présentera près de couler. Le cyanure de potassium prend presque aussitôt versé, surtout s'il est à mince épaisseur de 3 à 4 centimètres. On se hâte de le concasser, surtout si le temps est humide, et on l'insère dans des pots en grès parfaitement bouchés. On fera même très-sagement d'envelopper le liége d'une coiffe de caoutchouc, car (et ceux qui l'emploient le savent bien) ce sel est très-avide d'eau qu'il soutire à l'air ambiant pour tomber en *deliquium*. Lorsqu'il en est saturé, la couche de caoutchouc étant moins perméable à l'air que le liége concourra à le conserver plus longtemps. Lorsqu'il est ainsi tombé en *deliquium* dans les pots, il se décompose assez rapidement, il dégage une forte odeur d'acide prussique et se transforme entièrement en carbonate de potasse, ce qui explique la nécessité d'ajouter de temps en temps, dans les bains montés aux cyanures, certaine quantité d'acide prussique pour les maintenir à leur état normal.

M. Desfosses obtient le cyanure de potassium en dirigeant de l'air atmosphérique sur un mélange de carbonate de potasse et de charbon; mais ce procédé ne peut être employé que sur une grande échelle.

On peut encore l'obtenir en faisant, comme pour le cyanure d'or et d'argent, arriver du gaz acide cyanhydrique dans une dissolution de potasse, dans l'alcool. Ce dernier procédé peut être mis en pratique toutes les fois qu'il s'agira de petites quantités et que l'on ne pourra avoir recours à la fonte.

Préparation du sulfocyanure de potassium
K Cy S². (Liebig.)

§ 105. Le sulfocyanure de potassium est un sel très-précieux pour la dorure de l'argent, il le dore sans intermédiaire de cuivre. Le sel d'or employé est plus particulièrement le sulfure. M. Liebig prépare ce sel en mélangeant quarante-six parties de cyano-ferrure de potassium, seize parties de carbonate de potasse et seize parties de soufre qu'il calcine dans un creuset. Le culot est brisé, concassé et dissous dans de l'alcool bouillant. Après le refroidissement, on recueille des cristaux qui sont le sulfocyanure. En ajoutant une nouvelle quantité d'alcool à l'eau-mère, on peut, par l'ébullition, en retirer encore quelques cristaux.

On déposera ces cristaux dans un flacon à large ouverture bouché à l'émeri, afin de le soustraire à l'action de l'air, le sulfocyanure étant déliquescent. Lorsque l'on devra en faire usage, on fera d'abord dissoudre du cyanure de potassium dans les proportions d'eau ordinaires pour composer un bain, et on ajoutera 20 pour 100 seulement de ces cristaux de la quantité de cyanure employé.

Préparation du sulfure de potassium KS^2.

§ 106. Le sulfure de potassium étant souvent employé aux mêmes usages pour oxyder ou bronzer les métaux que l'hydro-sulfate d'ammoniaque, étant d'ailleurs d'une facile préparation, j'ai dû le faire figurer parmi ceux des produits que les industriels peuvent préparer eux-mêmes.

Disposez un mélange de 100 parties de carbonate de potasse bien desséché, de 100 de soufre concassé et de 80 de charbon en poudre; brassez bien le tout et le placez dans un creuset de terre muni de son couvercle, et assez grand pour que le boursoufflement, qui se produira par suite de la réaction chimique, ne projette la matière hors du creuset. On chauffera jusqu'au rouge sombre; puis, lorsque le mélange sera fondu et liquide, on le versera dans un vase plat susceptible de recevoir un couvercle. Une cocotte en fer est très-convenable pour ce service.

Aussitôt que l'on aura versé le produit, on devra se hâter de le mettre à l'abri de l'air, le sulfure de potassium étant quelque peu pyrophore lorsqu'il est chaud. Dès qu'il sera refroidi, on le concassera et on en placera les morceaux dans des pots de terre bien bouchés.

L'action d'une dissolution chaude de sulfure de potassium sur l'argent est moins active que celle d'hydrosulfate d'ammoniaque.

Sulfhydrate d'ammoniaque monosulfuré
$$AzH^3, HS, S.$$

§ 107. A l'état liquide, ce sel est employé pour sulfurer les dépôts d'argent ou les objets d'art argentés; mais comme l'opération se fait à chaud et qu'il possède la propriété d'en dissoudre une certaine partie, on devra argenter fortement les pièces qui seront soumises à son action.

Voici comment on le prépare : on prendra une partie de sel ammoniac, une partie de chaux et une demi-partie de fleurs de soufre que l'on brassera très-intimement. On versera le mélange dans une cornue en terre munie d'une tubulure dans laquelle on fixera un tube de sûreté à l'aide d'un bon bouchon de liége. Dans le prolongement de la cornue, on lutera un tube abducteur en verre du plus gros diamètre possible, ou mieux une rallonge dont l'extrémité recourbée s'engagera dans un récipient plongé dans l'eau et entouré d'un mélange réfrigérent. On aura choisi une cornue assez grande pour que le boursoufflement des matières ne monte pas assez haut pour obstruer le tube de dégagement, accident qui, malgré le tube de sûreté, pourrait déterminer la rupture de la cornue.

Toutes ces dispositions prises et la cornue engagée dans un fourneau de laboratoire, on l'enveloppe de charbons ardents en commençant par l'échauffer peu à peu d'abord, et bientôt le produit distille sous forme d'un liquide jaunâtre, huileux, fumant et exhalant une forte odeur d'œufs pourris.

La liqueur fumante de Boyle, tel est l'ancien nom de ce composé, est très-volatile. Voilà pourquoi on devra la conserver dans des flacons bouchés avec soin.

Sulfhydrate d'ammoniaque quadrisulfuré
$$AzH^3, HS, S^4.$$

§ 108. Malgré que le produit que nous venons de préparer soit suffisant, pour la plupart des cas, d'oxydation, lorsque l'on veut obtenir des tons d'une grande intensité, d'un bleu-noir très-accusé, susceptible de transmettre aux alliages de cuivre une patine des plus agréables, on mélange du soufre avec une dissolution aqueuse et concentrée de sulfhydrate monosulfuré placée dans un flacon à trois tubulures. Dans une des tubulures latérales, on fait arriver du gaz ammoniac, tandis que par l'autre on introduit de l'hydrogène sulfuré (acide sulfhydrique). De cette façon, on concentre le produit par une plus grande quantité de sulfhydrate d'ammoniaque, et la dissolution d'une quantité de soufre trois fois plus considérable, ainsi que l'indiquent les formules respectives de ces deux substances.

Préparation du bicarbonate de potasse
KO (CO²) HO.

Sel employé pour la dorure par immersion, et les bains de préparation pour la dorure à la pile.

§ 109. Dans un grand flacon de huit à dix litres, on versera une dissolution concentrée de carbonate de potasse pur KO, CO².

Dans une demi-tourie, on introduira 3 à 4 kilog. de débris de marbre (blanc préférablement à celui coloré) et concassé en petits fragments de la grosseur d'un pois. On devra éviter de mettre la poussière, ce qu'il est facile de faire en jetant les débris sur un crible; puis on fera deux trous à un bouchon de liége de bonne qualité, et ajusté pour boucher hermétiquement la tubulure de la tourie. L'un des trous recevra l'extrémité d'un entonnoir à robinet, et l'autre trou servira à insérer l'extrémité de la branche la plus courte d'un tube abducteur dont la partie horizontale sera aussi longue que possible, afin d'éloigner la tourie du bocal pour la commodité du service.

L'appareil étant ainsi disposé, on engagera la plus longue branche du tube abducteur jusqu'à 3 centim. du fond du bocal, et on ouvrira le robinet pour verser dans la tourie cinq à six litres d'eau, puis 50 à 60 grammes d'acide sulfurique. Quoique l'acide soit en très-petite quantité par rapport à l'eau, on verra aussitôt un dégagement de gaz se produire dans le fond du flacon. Ce sera d'abord l'air contenu dans la tourie qui sera chassé par le gaz carbonique. Aussi le verra-t-on s'échapper au-dessus du liquide contenu dans le flacon.

Lorsque le gaz sera complétement absorbé par la liqueur, on sera à peu près certain que l'air est entièrement éliminé. Alors on remplira l'entonnoir d'acide sulfurique, et on tournera la clef de telle façon que l'acide puisse tomber goutte à goutte dans la tourie. Si la charge d'acide sulfurique dans l'entonnoir n'était pas suffisante pour résister à la pression (pression que l'on peut régler à volonté), on remplacera l'entonnoir par l'allonge à robinet d'un appareil de déplacement dans la tubulure de laquelle on lutera un gros tube en verre, de manière à avoir, l'allonge comprise, une pression de 40 à 50 centimètres d'acide sulfurique.

Le robinet étant réglé en raison de cette pression, on laissera fonctionner l'appareil en remplaçant l'acide sulfurique jusqu'à cristallisation du produit dans le bocal; puis les cristaux seront rapidement lavés à l'eau froide, séchés à l'étuve et enfermés dans un bocal.

On a compris la réaction chimique qui a eu lieu dans cette opération. L'acide sulfurique se porte sur le marbre (carbonate de chaux) pour former du sulfate de chaux en même temps qu'il met en liberté le gaz acide carbonique qui constituait le carbonate de chaux. Cette quantité d'acide carbonique, jointe à celle que contient le carbonate de potasse que nous avons en dissolution, en double la richesse. D'où il résulte que KO, CO^2 devient $KO (CO^2)^2 HO$.

Ce n'est pas arbitrairement que j'ai choisi le marbre concassé. On pourrait employer la craie et d'autres substances analogues dans la composition desquelles entre l'acide carbonique ; mais les matières trop divisées produisent un développement de gaz considérable, tumultueux au premier moment, difficile à régulariser, puis cessant après quelques instants, tandis que le marbre concassé permet au liquide et au gaz de circuler plus librement. L'action est moins violente, mais plus régulière, surtout avec une alimentation continue d'acide sulfurique, d'après la méthode que je viens d'indiquer et que je n'ai vu pratiquer nulle part avant moi.

Autre méthode de fabrication du bicarbonate de potasse (BRANDELY).

§ 110. Le mode de préparation que je viens d'indiquer peut suffire à des opérations de laboratoire, peut même fournir une certaine quantité de ce sel ; mais lorsqu'il s'agit d'opérations commerciales, c'est tout différent. Je me fais un plaisir de décrire l'appareil que j'avais imaginé pour mon commerce de produits chimiques.

Une chaudière en fer de la capacité de 2 hectolitres, et timbrée à 6 atmosphères, est montée dans un fourneau en maçonnerie. Cette chaudière, dont la partie antérieure est à fleur, extérieurement, de la maçonnerie du fourneau, porte, à la hauteur de son fond, un trou d'homme de 15 centimètres de diamètre, et un de 25 centimètres sur 18 vers le centre de la partie supérieure découverte, sur toute sa longueur, sur une largeur de 30 centimètres. Comme les générateurs à vapeur, elle est munie de soupapes de sûreté et d'un niveau d'eau à robinet, plus d'un manomètre Richard ou Desbordes.

A 2 mètres de cette chaudière se trouve fixé sur le sol un appareil générateur d'acide carbonique pareil à celui que j'ai indiqué dans l'article précédent, avec cette différence que la tourie est remplacée par un récipient en fonte de fer doublé intérieurement de plomb, et pouvant résister à 12 ou 15 atmosphères. Ce réservoir est construit de 2 hémisphères portant chacun un rebord. Celui inférieur est garni de plomb et de forme ovoïde. Il reçoit le marbre et l'acide sulfurique dont la distribution se fait, de l'extérieur à l'intérieur, à l'aide d'une clef de robinet dont la tige, traversant un stuffing-box, se prolonge en dehors.

Pour le reste, la construction se rapproche des appareils à produire l'acide carbonique pour les eaux gazeuses, avec cette exception que le gaz n'arrive dans la chaudière que dès qu'il a la force de soulever un obstructeur chargé à 4 atmosphères. La capacité du générateur en fonte de fer, la quantité de marbre et celle d'acide sulfurique sont combinées pour saturer une quantité également donnée de carbonate en dissolution et contenue dans la chaudière. Il est évident que l'opération ne peut se faire d'un seul coup et avec un seul générateur de gaz, car si on opère sur 50 kilog. de matière (carbonate de potasse supposé sec et anhydre), il ne faudra pas moins de 8 kilog. de gaz pour transformer la formule :

$$
\begin{array}{llll}
K O \ldots \ldots \ldots & 588.93 & 68.16 \\
C O^2 \ldots \ldots \ldots & 275\ 00 & 31.84
\end{array} \Big\} 100.00
$$

En celle :

$$
\begin{array}{llll}
K O \ldots \ldots \ldots & 588.93 & 51.71 \\
2 C O^2 \ldots \ldots \ldots & 550.00 & 48.29
\end{array} \Big\} 100.00
$$

Pour ne pas avoir d'interruption dans le travail, on vide et on nettoie un des appareils pendant que l'autre fonctionne. Le manomètre indique les interruptions de pression lorsqu'elles se produisent, et un pèse-alcali d'une forme particulière, engagé dans l'eau du niveau dont le tube en verre très-épais porte 3 centimètres de diamètre intérieur, indique la concentration du liquide, concurremment avec un compteur qui indique la quantité de litres de gaz acide carbonique passés dans la dissolution.

A un moment déterminé par l'expérience, on chauffe modérément pour rapprocher la dissolution, et on ouvre le robinet qui donne issue à la vapeur d'eau, tout en continuant la production du gaz. A un certain degré de concentration, on arrête tout et on laisse refroidir. Vingt-quatre heures après, on retire les cristaux, on les lave à l'eau froide, on les fait sécher, et on recharge l'appareil en ajoutant le peu d'eau-mère qui a échappé à la cristallisation.

Préparation du cyanure de cuivre Cu, Cy.

§ 111. Ce produit est employé pour couvrir de cuivre, avant de les dorer ou les argenter, certains métaux des 3e, 4e et 5e section. On peut l'obtenir par double décomposition en mélangeant une dissolution de sulfate ou mieux d'acétate de cuivre avec une dissolution de cyanure de potassium. Il se formera de l'acétate de potasse qui restera en dissolution, et le cyanure de cuivre précipitera. Mais j'ai toujours accordé la préférence à mon procédé de prédilection : l'action de l'acide cyanhydrique sur du carbonate oxydule de cuivre, ainsi que je le pratique pour l'or.

On prépare d'abord le carbonate de cuivre (Cu, O^2) $CO^2 HO$ en versant une dissolution de carbonate de potasse froide sur une seconde dissolution d'acétate de cuivre. On obtient ainsi un précipité de couleur bleuâtre que l'on doit laver à l'eau froide. Je recommanderai de pratiquer ce lavage dans une capsule en agitant le précipité avec une spatule, puis on le place dans un bocal dans lequel on versera de l'eau jusqu'aux trois quarts de sa contenance. Après quoi on monte l'appareil comme cela est indiqué pour l'or. Quelle que soit la capacité du bocal, le magma devra toujours en occuper la moitié, afin de proportionner la quantité d'eau nécessaire à l'opération sans noyer l'oxydule dans une quantité d'eau qui absorberait inutilement de l'acide cyanhydrique.

Dans ce mode de préparation des cyanures métalliques, on ne doit pas perdre de vue la nécessité absolue de bien luter les joints, et d'éviter toute fuite, et conséquemment la diffusion du dangereux toxique dans l'atmosphère du laboratoire.

On continue la production du gaz jusqu'à ce que le produit ait acquis une belle couleur jaune intense plus foncée que celle du cyanure d'or; puis on le lavera à grande eau, et on le conservera sous l'eau jusqu'au moment du besoin. Si on le laissait se dessécher, il serait moins facile à dissoudre.

On peut, d'après les indications de l'excellent traité de MM. Pelouze et Frémy, préparer un protocyanure de cuivre contenant deux atomes de métal pour un de cyanogène $Cu Cy$, sous la forme d'un précipité blanc gélatineux, en traitant par l'acide cyanhydrique, comme nous venons de le faire, une dissolution de deutochlorure de cuivre d'abord saturée d'acide sulfureux. Ce sel se dissout parfaitement dans les cyanures alcalins.

Préparation du cyanure de zinc Zn Cy.

§ 112. Les industriels qui s'occupent de la fabrication du zinc, sous formes de pendules, lustres, candélabres, flambeaux, statuettes, etc., ont la malheureuse habitude d'employer le sulfate de zinc pour monter leurs bains de laiton. Je ne saurais trop leur recommander d'abandonner ce système vicieux dont le moindre inconvénient est de détruire une forte partie du cyanure de potassium. Le cyanogène étant facilement chassé de ses combinaisons par les acides puissants, l'acide sulfurique du sulfate de zinc se porte sur la potasse pour former du sulfate de potasse sans qu'il y ait réciprocité de la part de l'acide cyanhydrique sur le zinc.

Il se forme bien, si l'on veut, du cyanure de zinc qui se redissout en partie dans le bain; mais cette formation n'a lieu que grâce à un emprunt fait au cyanure en excès nécessaire à la constitution du bain. D'où il résulte que le bain cesse tout à coup de fonctionner faute de conductibilité, propriété que l'on ne peut lui rendre que par l'addition d'une nouvelle quantité de cyanure.

Si encore les personnes qui ont adopté cette méthode avaient le soin de placer une faible partie du bain dans une grande capsule pour la transformation du sulfate de zinc en cyanure, elles en sauvegarderaient la partie la plus grande; encore feraient-elles sagement de rejeter le liquide dans lequel aura eu lieu la formation du cyanure de zinc. Mais mieux vaut monter son bain avec les cyanures de cuivre et de zinc dans les proportions de 65 du premier pour 35 du second qui sont à peu près celles du laiton. Voici comment on prépare ce sel :

On précipite le sulfate de zinc de sa dissolution par une solution alcaline d'un sel de potasse ou de soude à laquelle on ajoutera de l'ammoniaque liquide. Le précipité qui en résultera sera lavé à grande eau, et traité comme le carbonate de cuivre, c'est-à-dire soumis à l'action de l'acide cyanhydrique qui transformera l'oxyde en cyanure. Sans addition d'ammoniaque liquide, le précipité, par la soude ou la potasse, ne se détermine que très-difficilement.

On peut substituer au sulfate l'acétate de zinc, et cela avec avantage. On peut encore se servir du blanc de zinc obtenu par la combustion des vapeurs de ce métal.

Préparation de certaines poudres métalliques.

§ 112 *bis*. Ces produits ne se trouvent pas dans toutes les localités. N'étant d'ailleurs bien préparés qu'à Paris, où ils sont traités sur une grande échelle et sont l'objet d'un commerce important, il sera indispensable de les tirer de cette ville lorsque l'on ne pourra les préparer soi-même. Il est utile aux personnes qui s'occupent de reproductions électro-chimiques de connaître les différents modes de préparation de ces poudres qui nous seront d'un si grand secours pour métalliser nos substances non conductrices.

Je m'attacherai plus particulièrement à la poudre de cuivre et à celle d'argent, à la plombagine (graphite), et accessoirement du fer réduit par l'hydrogène et le charbon de cornue.

Il est facile de réduire le cuivre d'une dissolution acide à l'état pulvérulent en trempant dans cette dissolution, soit une lame de fer, soit une plaque de zinc, soit encore en projetant ce dernier métal à l'état de grenailles.

Il en est de même pour l'argent lorsque l'on immerge une lame de cuivre bien décapée dans la dissolution de son nitrate ; mais ainsi préparées ces poudres n'offrent jamais un aspect bien franchement métallique, et cela surtout se remarque plus particulièrement pour le cuivre, attendu qu'il est sous un état très-facilement oxydable. Il deviendrait nécessaire de les placer dans un tube chauffé et dans lequel on ferait passer un courant d'hydrogène. Cette préparation présente quelques difficultés d'exécution pour les personnes peu habituées au montage des appareils de laboratoire. On devra donc donner la préférence au procédé suivant :

Dans un mortier en porcelaine, on déposera du sucre concassé et des feuilles de laiton, or faux ou d'argent en livret que l'on achètera chez un batteur d'or. On pilera le tout de manière à obtenir une poudre extrêmement fine divisée que l'on porphyrisera pour la rendre encore plus ténue, après quoi on dissoudra le sucre dans l'eau distillée bouillante, puis on placera la poudre sur un filtre. Lorsqu'elle ne contiendra plus d'eau, on étalera le filtre dans une assiette et on achèvera la dessiccation, soit dans une étuve, soit sur la tablette d'un poêle ; puis on terminera en la tamisant avec un tamis de soie à mailles des plus rapprochées.

Ainsi obtenues, ces poudres conservent leur éclat métallique et possèdent la propriété de conduire l'électricité, surtout lorsqu'elles sont bien débarrassées du sucre, beaucoup mieux que celles précipitées. J'ai essayé de traiter le fer de la même manière. A cet effet, je me suis procuré du papier de ce métal que l'on vend à Londres. Je l'ai placé, comme les autres métaux, dans un mortier avec du sucre; mais j'ai pu remarquer que le fer résistait à l'action divisante, déchirante du sucre. J'ai attribué cela à l'épaisseur de la feuille de métal qui, quoique très-mince à surface égale avec une feuille d'argent, pesait trois fois plus. Peut-être aurais-je réussi si la feuille de fer avait été battue et réduite d'épaisseur. Traitée par l'alcool pour dissoudre le sucre, la poudre était excessivement grossière et n'a pu être employée. Néanmoins je ne renonce pas à l'emploi du fer ainsi traité, dussé-je faire battre des feuilles tout exprès, la poudre de fer pouvant remplacer le fer réduit par le gaz hydrogène dont le prix est très-élevé.

Fer réduit par le gaz hydrogène.

§ 113. Le protoxyde de fer Fe O est celui des oxydes de ce métal dont on devrait pouvoir se servir comme contenant la moindre somme d'oxygène; mais la difficulté de le conserver sous cet état nous oblige à avoir recours au sesquioxyde $Fe^2 O^3$ qui contient, il est vrai, deux atomes de fer, mais aussi trois atomes d'oxygène, oxyde connu sous le nom de rouille, poudre jaunâtre dont se recouvrent les métaux exposés à l'air.

On prend donc de cette poudre que l'on tamise sur

une feuille de papier, ou, si l'on veut, on la prépare
en précipitant une dissolution d'un sel de fer, au minimum d'oxydation, par une dissolution de potasse
ou d'ammoniaque liquide. Par la potasse, de vert
qu'était le précipité, il passe rapidement au jaune
rouille; on le lave à plusieurs eaux, et on le porte à
sécher dans l'étuve en l'étalant sur des feuilles de
gros papier gris. Lorsqu'il est bien sec, on l'introduit
dans un tube en fer de 4 centimètres au moins de
section intérieure, portant à ses deux extrémités un
bouchon métallique s'y ajustant à vis et recevant également à vis un prolongement composé, d'un côté,
d'un petit tube sur lequel on adapte un tube abducteur qui prend le gaz, et de l'autre un tube qui conduit l'excès de gaz et la vapeur d'eau sous la cheminée.

Le gros tube est inséré dans un fourneau allongé,
qu'il dépasse de 10 à 12 centimètres de chaque côté.

Le gaz hydrogène est produit par la décomposition de l'eau, à l'aide de grenailles de zinc et d'acide
sulfurique, le tout contenu dans une demi-tourie.
Autant qu'on le pourra, on placera, entre le générateur de gaz et le fourneau, un gros tube en terre rempli de fragments de chaux destinés à dessécher l'hydrogène.

On pourra encore se procurer ce gaz en dédoublant
l'eau, obligeant sa vapeur à traverser un tube chauffé
au rouge et rempli de fragments métalliques, fil de
fer coupé, tournure de fer de cuivre, etc. L'eau sera
décomposée par la séparation de ses éléments constituants. L'oxygène sera arrêté par le métal avec lequel il se combinera pour former des oxydes, et le
gaz hydrogène sera mis en liberté. On le conduira

directement, sans avoir besoin de le faire passer à travers la chaux, dans le tube qui contient le sesquioxyde de fer.

Cette dernière méthode est plus compliquée, il est vrai, plus dispendieuse, occupe plus de place dans le laboratoire, exige une plus grande surveillance. D'abord il faut produire de la vapeur, premier feu, second feu dans le fourneau où elle est décomposée, enfin troisième feu dans le fourneau où se fait la réduction du fer. Toutefois il y a une compensation : c'est la facilité de transformer rapidement une certaine quantité de métal en oxyde. Il faudrait combiner la double opération pour des besoins simultanés, cas qui se présente rarement dans le cours des travaux métallurgiques du genre de ceux que nous sommes appelés à exécuter. Aussi est-il préférable d'avoir recours au premier procédé.

Dans les grandes usines de produits chimiques où les générateurs de vapeur deviennent nécessaires, on peut facilement fabriquer le fer réduit et sans frais. On placerait un tube mobile sur chacun des flancs du bouilleur, la communication des deux tubes se ferait extérieurement par un raccord, l'un des deux recevrait un filet de vapeur du générateur et serait chargé du métal à oxyder, tandis que l'autre contiendrait l'oxyde à réduire. Cette petite organisation coûterait peu, serait d'un service facile, et produirait une grande quantité des doubles produits.

Préparation du graphite (plombagine).

§ 114. Cette substance, ainsi que la gutta-percha, ont fait faire à la galvanoplastique un pas immense.

Grâce à la propriété conductrice de la première et à celle de la seconde de se prêter avec une grande facilité aux exigences des moulages les plus difficiles, il n'est presque plus d'obstacles que l'on ne soit en état de surmonter. Aussi devons-nous une grande somme de reconnaissance à M. Murray qui nous fit connaître, le premier, la plombagine, autant qu'à M. Montgomery qui nous apporta, de l'Inde, la gutta-percha. Il est difficile de parler de l'une sans y accoupler l'autre, tant elles sont étroitement liées.

Telle qu'on la trouve dans le commerce, la plombagine n'est jamais pure. Elle a besoin de subir une préparation afin d'être amenée au plus grand état d'homogénéité; elle contient presque toujours de la terre et d'autres substances étrangères dont il faut la débarrasser en tant qu'elles nuisent à son immense propriété conductrice.

A cet effet, on se munit d'un bon creuset que l'on emplit jusqu'aux trois quarts de plombagine brute et dans lequel on la calcine au rouge vif pendant une heure. On retire le creuset du fourneau, et lorsque la matière est froide, on la divise *grosso modo*, et on la place dans une grande capsule en porcelaine où elle est traitée à chaud et successivement par les acides azotique, sulfurique, hydrochlorique, et enfin par l'eau régale. Après quoi, on la lave jusqu'à ce que le papier à réactif ne soit plus affecté par la dernière eau; puis on la porte à l'étuve où elle est abandonnée jusqu'à ce qu'elle ne recèle plus la moindre trace d'humidité.

Alors on la pulvérise aussi fin que possible dans un mortier en porcelaine, et on la tamise sur la soie la plus serrée au-dessus d'un grand bassin d'eau portant un long bec. On ne recueille que celle qui surnage et que le bec porte sur un filtre.

Celle qui tombe au fond du bassin est desséchée, pilée de nouveau, et de nouveau traitée comme je l'ai dit; puis les filtres sont portés dans l'étuve où la plombagine doit subir une dessiccation à +150 à 200°.

On la retire de l'étuve, on la pile de nouveau, mais alors avec facilité; on la tamise et on l'enferme, car elle est légèrement hygrométrique.

Du charbon de cornue, carbone pur.

§ 115. Le charbon qui s'agglutine dans les flancs des cornues à gaz, et qui subit pendant un long temps l'action d'une température très-élevée, finit par se dépouiller des corps hétérogènes dont il était souillé, et passe à un grand état de pureté. En cet état, ce corps devient conducteur de l'électricité, c'est lui que nous scions, que nous dépeçons pour en former un des organes de nos piles, l'élément négatif qui remplace à si bon marché un de nos métaux les plus chers, le platine.

Sa poudre très-divisée et traitée par lévigation, comme le graphite, peut servir à métalliser une surface non conductrice; mais on peut lui reprocher de manquer de cette propriété si essentielle que possède le graphite, d'adhérer aux corps dont on le recouvre. Il est sec et manque d'onctuosité. Il m'a paru, néanmoins, utile de le signaler, dans le cas où on ne pourrait se procurer ni poudre métallique, ni plombagine.

Métallisation des moules non conducteurs de l'électricité.

§ 116. Les moules en plâtre étant bien secs sont immergés dans un bain de cire jaune porté à la température de 70 à 80°. Cette métallisation ne sera pas faite d'un seul coup, dans la crainte de déterminer la rupture du plâtre par un trop brusque changement de température. La cire pénètre le plâtre, en chasse l'air et s'y substitue, opération qui donne à la matière gypseuse la propriété de résister à l'action destructive corrosive du liquide acide dans lequel nous l'immergerons plus tard.

Lorsque le plâtre a atteint la température du bain de cire, on le retire, on l'égoutte et on le laisse refroidir, mais cependant pas assez pour qu'il ne conserve un restant de chaleur nécessaire. En cet état, si le plâtre a été suffisamment chauffé, et surtout si le bain a été porté à la température que je recommande, il ne restera pas trace de cire sur le moulage, et les traits les plus délicats n'en seront nullement empâtés.

Donc, le métal étant encore tiède, on trempe un large blaireau dans la poudre métallique ou dans la plombagine dont on a rempli le fond d'une assiette, et on couvre le moule en appuyant légèrement le pinceau pour l'obliger à adhérer au moule ; puis, à l'aide de petites estompes, on enduit les fonds, les creux, les dessous, et on ne cesse l'opération que lorsque toute la surface du moule offre un ton uniforme et régulier, d'un noir intense parfaitement lisse. On termine l'opération en promenant sur le moule une brosse à chapeau excessivement douce et imprégnée de plombagine.

On frotte le contour du moule avec les doigts qu'il ne faut pas craindre de tremper dans le graphite, afin de rendre conductrice cette partie sur laquelle viendra porter le fil métallique. Avec une lime on a arrondi l'angle vif du moule sur l'extrème bord dans le but de favoriser l'extension subite de la couche métallique sur tous les points de ce dernier.

Enfin, lorsque ce travail est terminé, on colle avec de la cire chaude, sur le derrière du moule un disque métallique ou une plaque quelconque que l'on enduit de cire, afin de l'isoler. Cette plaque sert à lester le plâtre dont le poids spécifique est inférieur à la densité du sulfate de cuivre.

Les poudres métalliques réussissent assez sur le plâtre ; néanmoins il arrive parfois que, pour les faire adhérer, on soit obligé d'avoir recours au moyen suivant : on enduit le moule d'un vernis que les doreurs sur bois emploient pour faire adhérer l'or en feuille sur les cadres, et qui prend le nom de mixtion.

On verse quelques gouttes de cette substance dans un godet à couleur ou une soucoupe, et à l'aide d'un pinceau de bonne qualité, on passe ce vernis sur les moules en couche très-mince. Il importe de l'étendre avec le pinceau jusqu'à ce qu'il commence à tirer. On en passe également sur le périmètre du moule, puis on laisse sécher pendant vingt-quatre heures. Ce procédé est applicable à la poudre de charbon de cornue.

Cette poudre ou celle métallique est placée dans une assiette, et l'on procède, comme pour la plombagine, jusqu'à ce que le moule soit devenu conducteur, sur toute sa surface, sans solution de continuité. Si le vernis était trop sec et refusait de happer la poudre, on dirigerait sur lui les vapeurs d'un peu d'alcool.

Telles fines que l'on puisse les rencontrer dans le commerce, les poudres métalliques ne le sont jamais assez pour être employées entièrement. Aussi arrive-t-il une époque où l'on doit les rejeter, car le dépôt métallique qui se comporte en raison de la surface sur laquelle il a lieu, présente un aspect rugueux et désagréable. Voilà pourquoi je préfère le graphite qu'il est facile d'obtenir à un plus grand état de division et qui, du reste, coûte moins cher. De plus, et par la raison que la couche dont il recouvre les pièces est plus unie, les épreuves seront plus glacées et plus belles. On donnera donc la préférence au graphite.

§ 117. *Moyen d'épuration de l'eau à défaut d'appareil distillatoire pour se procurer l'eau distillée.*

Toutes les eaux ne sont pas convenables pour les opérations électro-métallurgiques; on doit s'attacher à rechercher celles qui contiennent le moins que possible de sels de chaux en dissolution, c'est pour cette raison que l'on recommande l'emploi de l'eau distillée, laquelle est débarrassée des sels calcaires qu'elle contenait par la distillation. Il y a encore l'eau de pluie, celle de rivière, quoique l'on doive préférer dans tous les cas la première à la dernière, il est possible néanmoins de donner à l'eau courante, même au sein de matières calcaires solubles, toute la valeur de l'eau de pluie ou de celle distillée.

Dans une capsule en porcelaine de la contenance

Galvanoplastie. Tome II.   23

de 1 litre, faites dissoudre 100 grammes d'acide oxalique, et neutralisez avec de l'ammoniaque liquide
à 22°. Vous verserez le produit dans une éprouvette
graduée, et faites l'essai de l'eau que vous avez à
purifier sur 1 litre. A cet effet, vous en versez cette
quantité dans un flacon de la contenance de 12 à
1300 centimètres cubes, puis avoir repéré le chiffre
correspondant au niveau du liquide contenu dans
l'éprouvette, vous versez 1 ou 2 gouttes dans l'eau,
vous voyez aussitôt un nuage blanc volumineux se
former dans le flacon. Vous agiterez avec une baguette de verre, puis vous attendrez que la chaux
étant précipitée, le liquide ait repris sa limpidité.

Alors vous verserez encore quelques gouttes d'oxalate d'ammoniaque, et vous aurez un nouveau nuage,
etc. Vous continuerez d'ajouter de la liqueur préci-
pitante jusqu'à ce qu'il ne se manifeste plus aucun
trouble. Dans ce cas, vous examinerez sur la burette combien vous avez employé de divisions, et
vous établirez votre calcul d'après cette donnée pour
préparer toute la quantité d'eau qui vous sera nécessaire.

L'oxalate d'ammoniaque est un réactif tellement
sensible pour accuser la présence de la chaux que
la moindre trace de cette dernière se révèle par un
précipité dans le véhicule qui la contient.

Lorsqu'il s'agit de 1000 à 1200 litres à préparer,
on remplit des tonneaux défoncés d'un bout, bien
rincés, et dans lesquels on verse la quantité de réactif
nécessaire, puis on brasse avec un manche à balai
neuf, et on laisse déposer la chaux pendant 48 heures,
puis avec un siphon, on enlève l'eau clarifiée et dé-
pouillée de sels calcaires.

Nous avons mis ce procédé à profit pour éviter la formation des dépôts de chaux dans les générateurs de nos petites machines à vapeur, et nous nous en sommes parfaitement trouvé.

La présence du réactif, fût-il un léger excès dans un bain d'or ou d'argent, ne nuit en aucune façon. Nous en avons souvent fait l'expérience.

La facilité avec laquelle on peut préparer soi-même un produit dont on trouve partout les éléments constituants rendent ce procédé recommandable, toutes les fois que l'on aura besoin d'eau exempte de chaux.

§ 118. *Préparation du sulfure de carbone.*

Dès 1848, dans mon *Traité des Manipulations électro-chimiques*, je donnais un des premiers la description et le dessin d'un appareil industriel propre à la production du sulfure de carbone. A cette époque, dessin et description pouvaient présenter un certain intérêt de nouveauté, mais aujourd'hui nous pourrions considérer la reproduction d'un pareil travail comme une superfétation. Je me contenterai donc de rappeler sommairement le procédé de fabrication le plus usité, mais aussi je me ferai un devoir de faire connaître les progrès que divers chimistes distingués ont apportés dans la fabrication de ce produit qui, grâce aux savantes recherches de MM. Sidot et Cloëz, peut être rangé pour le goût qu'il développe dans la classe des éthers. Ces améliorations ou plutôt ces traitements *postea* augmentant la propriété dissolvante du sulfure de carbone.

Le sulfure de carbone s'obtient en faisant passer

à travers de la braise un courant continu de vapeurs de soufre (acide sulfureux).

A cet effet, on remplit de braise un cylindre verticalement ou horizontalement placé dans un fourneau. Ce cylindre peut être en porcelaine pour les petites opérations de laboratoire ou en terre et même en tôle épaisse de 8 à 10 millimètres, et même en fonte de fer, mais l'un et l'autre garni d'un lut en terre à l'intérieur pour préserver le métal contre l'action dévorante des vapeurs de soufre. Une cornue en terre d'une assez grande capacité est remplie au tiers de soufre en canon, elle est mise en communication avec le cylindre qui contient la braise et chauffée à part par le feu modéré d'un fourneau de laboratoire. La braise est maintenue au rouge cerise par du coke ou autre combustible qui enveloppe le cylindre qui la contient, et les vapeurs de soufre qui, en la traversant, se transforment en sulfure, viennent se condenser dans un appareil réfrigérent (serpentin) au bas duquel coule le liquide que l'on reçoit sous l'eau dans un flacon entouré d'eau que l'on maintient aussi froide que possible.

Les expériences de M. Sidot prouvent que l'état de la température dans le milieu duquel se trouve la braise n'est pas indifférent au point de vue du rendement; le rouge sombre, comme le rouge vif entraînent l'un et l'autre à des pertes sensibles; le rouge proprement dit est la température qui paraît le mieux convenir au tempérament de cette production.

§ 119. *Recherches sur la préparation et la purification du sulfure de carbone, par M. Th. Sidot.*

Ce travail a pour objet l'étude détaillée des diverses phases qui se présentent dans la préparation du sulfure de carbone. Il m'a semblé qu'il était du plus grand intérêt de rechercher les causes qui influent sur le rendement de cette fabrication, devenue aujourd'hui si importante. Dans cette préparation, j'ai remarqué qu'il était un point capital duquel dépendent tout entiers les avantages de cette fabrication : c'est la température.

Pour bien mettre en évidence l'influence de la température dans la préparation du sulfure de carbone, j'ai fait plusieurs opérations distinctes, exactement dans les mêmes conditions, sauf la température, en faisant passer un poids connu de soufre en vapeur, 40 grammes par exemple, sur 10 grammes de braise purifiée, placée au centre d'un tube de porcelaine chauffé aux températures du rouge sombre, du rouge et du rouge vif ou blanc. Les nombres qui figurent ci-après, représentent la moyenne des résultats que j'ai obtenus sur trois opérations faites à différentes températures :

1° Au rouge sombre :

5 gram. de charbon ont donné 17 gram. sulfure de carbone.

2° Au rouge :

6.3 gram. de charbon ont donné 29 gr. sulfure de carbone.

3° Au rouge vif :

7.5 gram. de charbon ont donné 19 gr. sulfure de carbone.

Les chiffres qui indiquent la quantité de charbon

employé représentent la perte qu'ont éprouvée les 10 grammes de braise à ces différentes températures.

D'après ces nombres, il est facile de voir que la seconde phase de l'opération, qui est le rouge, est incontestablement la température qu'il faut chercher à atteindre, mais qu'il faut surtout éviter de dépasser pour obtenir le rendement maximum. Ces résultats démontrent en outre que le soufre peut s'unir au charbon à toutes les températures pour donner naissance à du sulfure de carbone en quantité qui varie avec la température. Dans la pratique, ces variations sont généralement attribuées aux fuites ou à l'imperfection des appareils dont on se sert, et surtout à la température que l'on considère toujours comme étant trop peu élevée. Ce résultat qui peut être utile à connaître pour la fabrication du sulfure de carbone, est la conséquence de ce fait déjà remarqué par M. Berthelot, que le sulfure de carbone se dissocie d'autant plus complétement que la température est plus élevée; et sous ce rapport, le sulfure de carbone se comporte en présence du charbon comme l'oxyde de carbone. Dans les expériences de dissociation de M. H. Sainte-Claire Deville, le charbon du sulfure se déposant sur le charbon chauffé de la même manière que le charbon de l'oxyde de carbone, c'est-à-dire par simple décomposition, les expériences que je vais relater démontrent encore qu'un protosulfure de carbone ne peut exister dans les circonstances au milieu desquelles j'ai opéré.

J'ai fait plusieurs opérations comparatives à des températures différentes au moyen d'une disposition d'appareil qui diffère peu de celle qui sert habituellement pour la décomposition de l'acide carbonique par le charbon. Cet appareil se compose d'un tube de porcelaine aux deux extrémités duquel sont adoptées deux cornues tubulées; chaque tubulure porte un tube droit à entonnoir effilé à l'autre extrémité qui plonge jusqu'au fond de la cornue, et un second tube à large courbure destiné à conduire le sulfure non condensé dans un petit flacon refroidi. La cornue qui doit contenir le sulfure est chauffée au bain-marie, l'autre plonge dans un vase rempli d'eau froide.

Avant de commencer l'opération, je place dans le tube 10 grammes de braise purifiée, et dans l'une des cornues, je verse 150 centimètres cubes de sulfure de carbone exempt de soufre, ensuite je commence par chauffer légèrement le tube pour empêcher la condensation du sulfure de carbone, puis je fais passer du sulfure de carbone pour chasser tout l'air de l'appareil, précaution nécessaire pour prévenir tout danger. J'élève alors la température jusqu'au rouge sombre, je fais distiller le soufre d'une cornue à l'autre jusqu'à siccité, puis j'intervertis les opérations chaque fois qu'une distillation se trouve être terminée. J'ai fait passer ainsi huit fois le même sulfure sur la braise chauffée au rouge sombre.

Après le refroidissement de l'appareil, j'ai constaté que du soufre s'était déposé dans le tube et dans l'allonge; que la braise avait augmenté des trois dixièmes de son poids; que le sulfure avait perdu un trentième de son volume primitif, et, qu'après avoir filtré et distillé le sulfure, j'ai pu retirer du fond de la cornue 3 grammes de soufre que ce sulfure avait dissous par son passage répété au travers du tube.

J'ai fait au rouge une seconde opération, en tout

semblable à la première ; seulement la température était moins élevée. J'ai constaté que le sulfure avait perdu 7 centimètres cubes sur 150 de son volume primitif, que la braise avait augmenté de 0gr.6 sur 10 grammes et qu'une certaine quantité de soufre s'était déposé dans l'appareil; le poids du soufre retiré de la cornue était de 3gr.5.

Une troisième opération a été faite au rouge vif, identiquement comme les précédentes. Cette fois tout le soufre a été décomposé après l'avoir fait passer six fois seulement sur la braise. Une grande quantité de soufre s'est combinée au silicium de la silice du tube pour donner de très-beaux cristaux blancs de sulfure de silicium. Le charbon s'était déposé en grande partie dans le tube et en avait pris la forme. C'est ainsi que j'ai pu obtenir les échantillons de sulfure de silicium et de charbon métallique que j'ai eu l'honneur de présenter à l'Académie. Ce charbon jouit en effet de propriétés intéressantes : il est sonore, il a l'éclat métallique, il se dilate beaucoup par la chaleur, ce que l'on constate facilement sur des cylindres à parois minces, fendus dans le sens de leur génératrice. En les chauffant brusquement avec la flamme d'un chalumeau, le tube s'ouvre largement et se referme aussitôt dès que l'on cesse de chauffer.

Pour purifier le sulfure de carbone, je commence par le distiller une fois, puis je l'agite avec du mercure propre jusqu'à ce qu'il ne noircisse plus la surface brillante du mercure. Cette opération doit se faire sur d'assez petites quantités de matière à la fois, afin que l'agitation soit plus facile et la division des liquides plus grande.

On prend un flacon de 500 centimètres cubes dans

lequel on verse 500 grammes de sulfure de carbone, et 500 grammes environ de mercure bien propre. On agite quelque temps le flacon ; il se forme bientôt du sulfure de mercure qu'il est facile de séparer par la filtration. Quant au mercure, on le filtre sur un entonnoir effilé. On remet de nouveau les deux liquides dans le flacon, et on recommence l'agitation jusqu'à ce que la surface brillante du mercure ne soit plus ternie. A cet état de pureté, le sulfure de carbone a complétement perdu l'odeur fétide qu'on lui assigne habituellement : il prend l'odeur de l'éther pur. Il peut également, dans cet état de pureté, résister indéfiniment en contact avec le mercure sans s'altérer.

Le mercure peut déceler, dans du sulfure de carbone, des quantités de soufre aussi petites que l'on voudra. En effet, si, dans 1 kilog. de sulfure de carbone pur en contact avec du mercure dont la surface soit bien brillante, on vient à laisser tomber un fragment de soufre octaédrique, pesant aussi peu que l'on voudra, immédiatement après une faible agitation, la surface du mercure noircira. (*Comptes-rendus*, t. 69, p. 1303, et *Technologiste*, 31e année, p. 298.)

Autre procédé de désinfection du sulfure de carbone du commerce, par M. S. Cloëz.

§ 120. Dans un travail sur la détermination de la quantité de matière grasse contenue dans divers produits oléagineux, M. Cloëz a constamment employé le sulfure de carbone comme dissolvant. De tous les liquides neutres volatils, c'est lui, dit-il, qui donne les résultats les plus satisfaisants ; mais à la condition de le débarrasser préalablement des matières étrangères qu'il contient.

Comme il en est absolument de même pour la dissolution de la gutta-percha et du caoutchouc, il m'a paru convenable et utile de faire connaître, non-seulement les expériences et le procédé de désinfection de M. Sidot, mais aussi celui de MM. Cloëz et Millon.

Procédé de M. Cloëz.

On purifie parfaitement le sulfure de carbone en le mettant en contact pendant vingt-quatre heures avec 0,005 ou 1/2 pour 100 de son poids de sublimé corrosif réduit en poudre fine, en ayant soin d'agiter de temps en temps le mélange. Le sel mercuriel se combine avec la matière sulfurée à odeur fétide, et la combinaison se dépose au fond du vase. On décante alors le liquide clair, et on y ajoute 0,02 de son poids d'un corps gras inodore; on distille ensuite le mélange au bain-marie à une température modérée, en ayant soin de bien refroidir les vapeurs, afin de les condenser parfaitement.

Le sulfure de carbone ainsi purifié possède une odeur éthérée bien différente de celle du produit brut. Il abandonne par évaporation la matière grasse dans le même état que si elle avait été obtenue par la pression. (*Comptes-rendus*, t. 69, p. 1356.)

Avant que cet article paraisse dans le 31e volume du *Technologiste*, je l'avais lu dans les *Comptes-rendus*. Je fis immédiatement l'application du procédé à du sulfure qui m'avait servi à traiter des roses. Après la distillation, ce produit ayant perdu son odeur infecte eût pu être comparé à de l'essence de rose dont l'odeur était masquée par le corps volatil infecte que le sel de mercure venait de lui enlever.

Procédé de M. Millon.

§ 121. Modération dans l'ébullition lors de la distillation du produit, afin d'éviter la projection de liquide contre les parois de la cucurbite. Changement du condensateur peu de temps après la condensation des premières vapeurs. Introduction, dans le produit, d'un lait de chaux que l'on mélange intimement par un brassage, et dont on débarrasse le sulfure par une distillation ménagée et un nettoyage à fond de l'appareil distillatoire.

Traitée de cette manière, l'infection disparaît et le produit n'affecte l'odorat d'aucune façon désagréable. L'odeur éthérée est douce et suave, se rapprochant de celle du chloroforme.

Dans ce traitement, ce liquide conserve toutes ses propriétés physiques et chimiques, ayant acquis un plus haut degré de pureté.

M. Millon ajoute que l'on peut substituer à la chaux d'autres alcalis, des oxydes, telle que la litharge. On peut aussi la remplacer par des métaux, cuivre, fer, zinc, etc. Ainsi désinfecté, ce produit ne peut être conservé longtemps sans altération. Il jaunit, contracte de nouveau une odeur infecte, et abandonne un résidu dans un second traitement. Pour le conserver, on doit introduire de la tournure de cuivre dans le flacon qui le contient.

§ 122. *Fabrication du chloroforme. (Compte rendu par M. François* HURYNOWICZ *d'opérations faites par l'auteur dans son laboratoire.)*

Pour fabriquer le chloroforme, il est de toute nécessité de se munir d'un alambic de grandes dimensions pour peu que l'on ait besoin d'une certaine quantité de ce produit, ainsi qu'on le verra par ce qui suit :

Dans le bain-marie d'un alambic, on versera trente-cinq à quarante litres d'eau. Pour cela, il faut que ce bain-marie puisse en contenir cinquante pour le remplir. On porte cette eau à la température de 40° environ, puis on délaie 5 kilogram. d'hydrate de chaux (chaux vive récemment délitée) et 10 kilog. d'hypochlorite de chaux. On y verse ensuite un litre et demi d'alcool à 80 degrés centigrades. Lorsque le mélange est opéré, on remonte l'appareil, on lute les joints avec des bandes de papier que l'on colle, et on porte le plus promptement possible à l'ébullition l'eau de la cucurbite.

Lorsque la chaleur a atteint l'extrémité du col du chapiteau, on ralentit le feu en le couvrant de cendres. Bientôt la distillation s'opère rapidement et se continue d'elle-même jusqu'à la fin. On sépare alors le chloroforme qui forme une couche au fond du récipient de la liqueur qui surnage. Ce liquide est employé pour une autre opération que l'on pratique immédiatement.

Pour cela, on introduit de nouveau, dans le bain-marie, sans rien enlever de ce qui s'y trouve, dix litres d'eau ; puis, quand la température est descendue à 40 degrés, on y ajoute 5 kilog. de chaux délitée et 10 kilog. d'hypochlorite de chaux. Le tout étant mélangé avec soin, on ajoute la liqueur que l'on a séparée du chloroforme, plus un litre d'alcool ; on agite et on termine l'opération comme d'après la manière précédente.

Avec un alambic assez grand, on peut aller jusqu'à quatre opérations. Le chloroforme obtenu est purifié par des lavages avec de petites quantités d'eau. On le redistille ensuite après l'avoir agité avec du chlorure de calcium fondu, afin de lui enlever le peu d'eau qu'il aurait pu retenir.

Les lavages réitérés sont d'autant plus nécessaires que, sans cette précaution, le chloroforme serait souillé d'éther chloré.

En pratiquant ainsi quatre opérations successives, on obtient généralement, avec quatre litres et demi, ou 3 kil.825 d'alcool à 85°,

De la première distillation. 550 gram. de chloroforme.
De la deuxième distillation. 640 —
De la troisième distillation. 700 —
De la quatrième distillation. 730 —

Formant un total de. 2 kil.620

On a employé, pour se procurer 2 kil.620 de chloroforme :

Alcool à 85° centigrades. . . . . . 4 lit. 1/2
Hydrate de chaux. . . . . 20 kilog.
Hypochlorite de chaux. . . . . . 40 —

Pour utiliser cent litres d'alcool à 85°, il faudra faire vingt-deux opérations. On emploiera :

Hydrate de chaux. . . . . . . 440 kilog.
Hypochlorite de chaux. . . . . 880 —

On obtiendra 57 kilog. de chloroforme brut.

Le chloroforme est un corps que nous employons dans le cours de nos opérations électro-métallurgiques, et que les marchands de produits chimiques, et surtout les pharmaciens, vendent à un prix tellement élevé que j'ai cru devoir en donner la préparation que j'ai empruntée moi-même à M. Soubeyran, et qui m'a constamment donné des résultats identiques. Malheureusement la fabrication de ce produit entraîne rapidement la destruction des appareils de distillation. Il faudrait pouvoir le produire dans le platine, tout au moins pour le bain-marie, le chapiteau et le col très-prolongé, ou dans le grès.

A tel bon marché que l'on puisse porter les produits, le chloroforme ne peut être vendu au-dessous de 15 fr. le kilog., car nous avons, pour 57 kilog. :

            440 chaux.. . . . .   20 fr.
            880 hypochlorite à 60 fr. les 100 kil.   528
            100 litres alcool à 50 fr.   50
                                                     ————
Sans compter la main-d'œuvre ni le feu. .   598

ce qui porte le kilog. de ce produit à $\dfrac{598}{57} = 9$ ou 10 fr. environ, en ajoutant à cela trois journées et le charbon.

APPENDICE

Procédé pour enduire le plâtre d'une peinture métallique lui donnant l'aspect d'une pièce de bronze.

Le procédé ancien pour donner au plâtre l'aspect d'une pièce de métal, consistait à couvrir la statue ou autre sujet en plâtre de deux ou trois couches de couleur à l'huile se rapprochant du ton de la patine que l'on voulait imiter, verte pour le vert antique, rouge-brun foncé pour le bronze florentin, et comme trompe l'œil avant que la dernière couche fût complétement sèche, une espèce d'estompage sur les parties les plus saillantes avec un pinceau de blaireau imprégné de poudre métallique très-divisé. Le peintre avait le soin de fondre agréablement sa couche de poudre de manière à se rapprocher le plus de la vérité; puis le travail était recouvert d'un vernis brillant et siccatif.

Un industriel distingué, M. Oudry, le décorateur des monuments publics en fonte de fer de la ville de Paris, nous a fait connaître une mixtion ou peinture au cuivre qui laisse loin derrière elle l'ancien procédé que nous venons de décrire, et que nous généraliserons sous le nom d'enduit métallique comprenant non-seulement le cuivre, mais tous les métaux, le cuivre, l'argent, l'étain, l'antimoine, le bronze d'aluminium, etc.

Voici quel est l'excipient dont se sert l'inventeur :

A. Huile essentielle. . . . . 25 parties en poids.
   Matière résineuse. . . . . 25 parties.
   Matière gommeuse. . . . 10 parties.
   Huile grasse siccative. . . 40 parties.

On place les substances résineuses et gommeuses dans un vase muni d'un bon bouchon, et mélangées avec un quart de leur poids de verre pilé très-fin ; puis on ajoute l'huile essentielle (le verre pilé que nous ajoutons à la formule de M. Oudry a pour but, en se divisant dans les matières, de prévenir l'agglomération et d'en faciliter la dissolution), on agite souvent le vase, et lorsque la solution est complète, on se débarrasse du verre par décantation, et on ajoute l'huile grasse et siccative. Le mélange est conservé dans un vase bien bouché pour servir au besoin.

On verse, d'autre part, deux à trois litres d'une dissolution de sulfate de cuivre pur dans un vase à précipiter, et on y plonge des lames de zinc bien décapées. Le cuivre se réduit immédiatement à l'état métallique sous forme de poudre. De temps en temps, et à l'aide d'une brosse propre, on dégage la poudre précipitée sur les lames de zinc, et on les replonge dans la dissolution où elles se chargent de nouveau. Lorsque la dissolution est à peu près épuisée, on dé

cante, et on lave la poudre avec une eau légèrement
aiguisée d'acide sulfurique ; puis, en dernier lieu,
avec de l'eau pure. Cette poudre bien séchée est conservée dans un vase bien bouché, afin de la maintenir à l'abri de l'oxydation.

Quant aux autres poudres, je crois qu'il y a avantage de les acheter toutes préparées chez les fabricants spéciaux.

L'objet en plâtre qu'il s'agit de recouvrir est d'a-
bord placé dans une pièce chaude et aérée où elle
abandonne une partie de l'eau qu'elle contenait, puis
dans une étuve, si on en a une à sa disposition. Dans
le cas contraire, on peut renverser la statue et la remplir de sciure de bois très-chaude ou mieux d'hydrate de chaux. Il faut bien se garder d'employer la
chaux vive dont la dilatation, par l'effet de l'absorption de l'eau, du plâtre et de celle contenue dans
l'air, déterminerait la rupture de la pièce.

Lorsque, par un moyen quelconque, on est parvenu
à bien sécher le plâtre, on verse, dans un vase en
porcelaine ou en faïence, une partie du mélange A,
auquel on ajoute un oxyde métallique quelconque,
céruse, minium, litharge, etc., délayé avec soin, et
on couvre la statue avec cette peinture à l'aide d'un
bon pinceau plat ou de toute autre forme, suivant le
besoin. La peinture doit être étendue avec intelligence ; on doit éviter d'empâter les détails que l'on
ressuie avec un pinceau sec.

Lorsque cette première couche est bien sèche, on
en prépare une seconde en mêlant à l'excipient les
oxydes métalliques nécessaires pour obtenir un ton
en harmonie avec la poudre métallique que l'on y
ajoute au moment même d'employer la peinture. On

corse cette seconde couche par une troisième, aussitôt
que celle-ci est sèche; puis vingt-quatre ou trente
heures en hiver, et six à huit heures en été, on brosse
avec une brosse rude que l'on a frottée sur un morceau de cire jaune très-propre. Cette dernière opération fait l'effet d'un vernis qui rehausse la valeur de
l'enduit.

Nous avons vu, chez M. Caussinus, décorateur des
Tuileries, des statues, des groupes, des casques, préparés par un système analogue (mais qu'il tient se-
cret), qui présentent un aspect ravissant; entre autres grandes pièces, un Voltaire, grandeur nature, qui
fait l'admiration de l'exposition. Les imitations de
bronze antique florentin, de vieil argent, de fer, sont
tellement réussies que l'on s'y tromperait, si on n'é-
tait prévenu que la substance sous-jacente est de pur
gypse.

Je ne saurais affirmer que ces procédés soient de
fraîche date, car je me rappelle avoir vu, à Naples,
le principal café, rendez-vous des touristes et des
étrangers, dont la principale salle, présentant une immense voûte, était décorée d'une peinture murale et
uniforme se composant d'une couche métallique à
l'huile imitant parfaitement l'argent. D'autre part,
nous avons fait décorer dans le temps deux ravissan-
tes consoles, éditées par Hippolyte Vincent, représentant trois petites filles, servant de cariatide, suppor-
tant une épaisse cimaise. Le bronzeur qui nous fit
ce travail eut l'idée heureuse d'argenter ces petites
figures qui tranchaient de la manière la plus agréable
sur un fond de vieux bois. Je me suis assuré, en exa-
minant bien ce travail que je possède encore, que la
poudre d'argent est engagée dans la peinture, circon-

stances qui n'atténuent en rien le mérite de l'invention heureuse de M. Oudry.

« Quoique cette nouvelle peinture à base de cuivre, dit l'inventeur, ne soit peut-être pas aussi durable, et n'ait pas le bel aspect des dépôts de cuivre galvanique qu'on obtient à l'aide des batteries électriques sur la fonte, le fer, le zinc ou autres corps, elle est beaucoup moins chère et très-supérieure, comme moyen préservatif, à toutes les autres peintures et aux différents vernis couverts de bronze en poudre qui ont si peu de durée.

« Dans la préparation de la peinture qui a la benzole pour base, on mélange les ingrédients suivants dans les proportions indiquées.

	Parties en poids.
Essence.	28
Matière résineuse.	22
Matière gommeuse.	4
Cuivre en paillons	2
Huile grasse siccative.	40
Asphalte ou bitume.	4

« Les substances résineuses, gommeuses et bitumineuses sont d'abord dissoutes dans le benzole ou autre essence (celle de térébenthine exceptée). Après quoi on ajoute l'huile grasse siccative, en ayant bien soin d'agiter en même temps le mélange. Lorsque ces divers ingrédients ont été parfaitement mélangés, on introduit la matière colorante qu'on désire, après quoi le tout est agité et battu de nouveau, puis conservé en vase clos.

« Pour faire usage de cette peinture, on en verse une certaine quantité dans un pot, et on y ajoute la quantité requise de céruse, litharge, minium, cinabre, blanc de zinc ou autre oxyde, carbonate ou sulfure métallique broyés à l'huile ou pulvérisés. On mélange le tout avec soin, et la peinture est prête à être appliquée de la même manière que celle ordinaire, sans qu'il soit nécessaire d'y ajouter de l'huile ou de l'essence de térébenthine. En été, chaque couche sèche en deux ou trois heures, ce qui permet d'en appliquer trois dans une journée ; mais, en hiver, il vaut mieux ne donner qu'une seule couche par jour.

Diverses compositions dont il faut enduire le fer ou la fonte, afin de les isoler de la couche de cuivre lorsqu'ils doivent être recouverts de ce métal.

Composition nº 1.

Copal dur.	150 parties.
Résine.	500
Minium lavé.	5000
Huile de noix..	500
Benzole ou naphte.	2500

Composition nº 2.

Copal.	100 parties.
Résine.	300
Huile de lin.	500
Minium lavé..	5000
Benzole ou naphte.	2500

Composition nº 3.

Copal dur.	1300 parties.
Résine.	500
Huile de lin bouillie.	500
Minium lavé.	5000
Benzole caoutchouté.	2500

Avec :

Caoutchouc dissous.	200

Composition n° 4.

Copal dur ou demi-dur.	1300 parties.
Résine.	500
Soufre.	200
Huile de noix.	500
Benzole ou naphte.	2500
Minium.	5000

« Après avoir appliqué, soit à chaud, soit à froid, l'une quelconque des compositions ci-dessus sur la surface du métal qu'on veut soumettre à l'action du bain de dépôt, cette surface est couverte de graphite en poudre ou d'une autre matière qui conduit l'électricité avant de plonger dans le bain métallique.

« Si une portion quelconque de la surface métallique, déposée galvaniquement, se trouvait exposée, dans le déplacement ou le transport, à être arrachée, on propose de réparer l'accident au moyen d'un mastic composé de cuivre en poudre mélangé à de la résine, du copal et de la cire blanche ou jaune. »

Voici les proportions qui donnent de bons résultats :

Parties en poids.

Cire jaune ou blanche.	130
Copal dur.	10
Résine (colophane).	10
Poudre de cuivre par précipitation.	850

« Cette soudure est appliquée sur les endroits endommagés au moyen d'un fer à souder ou à la brosse, suivant la nature des réparations qu'il s'agit d'effectuer, puis bronzée, etc. »

Il va sans dire que l'on peut aussi donner à la fonte comme au fer l'apparence des alliages de cuivre, bronze, airain, etc., en les transportant du bain acide dans un bain alcalin de triple cyanure de cuivre, de

potassium, et un métal blanc constituant l'alliage.
Toutefois on ne les soumettra à l'action des bains alcalins qu'après avoir bien avivé le premier dépôt à
l'aide de gratte-boësses ou tout autre moyen, et les
avoir bien rincés.

Sur un régulateur de la lumière électrique inventé par M. SERRIN.

Dans son rapport fait à l'Académie des sciences au
nom d'une commission sur ce remarquable instrument, M. Pouillet s'exprime ainsi :

« La lumière électrique est une découverte toute
moderne. Vers 1730, quand on commença à l'observer en Angleterre, on pouvait à peine exciter quelques faibles lueurs phosphorescentes. Bientôt, en
France, entre les mains de Dufay, ces lueurs deviennent des étincelles qui jaillissent du corps et du vi-
sage d'une personne électrisée; puis ces étincelles,
devenues plus éclatantes dans la bouteille de Leyde,
se développent peu à peu, avec le perfectionnement
des machines, jusqu'au moment où deux grandes découvertes de ce siècle, la pile de Volta et les actions
électro-magnétiques, nous apprennent enfin à faire
sortir de l'électricité des lumières les plus éblouis-
santes et les degrés de chaleur les plus considérables
qu'il nous soit donné de produire. Il n'y a guère
qu'une trentaine d'années que l'on étudie les effets
lumineux et calorifiques des puissantes batteries, et
déjà l'on a imaginé plusieurs appareils qui ont pour
objet de rendre ces effets continus et constants. »

Le régulateur de M. Serrin, dont nous avons eu à
entretenir l'Académie, est l'un des derniers arrivés,

mais, hâtons-nous de le dire, il se distingue par une solution neuve et ingénieuse de la principale difficulté du problème.

Avant d'indiquer le mécanisme qui donne au régulateur de M. Serrin un caractère distinctif, essayons de rappeler sommairement les conditions générales auxquelles doit satisfaire un régulateur de la lumière électrique.

Il faut une batterie ayant au moins cinquante éléments Bunsen de grandeur ordinaire pour donner naissance à une belle lumière. Cent éléments réunis en tension donnent une lumière plus éclatante; mais cet éclat est encore surpassé grandement lorsque les groupes ont deux batteries de cinquante éléments chacune pour faire agir en quantité.

Tout le monde sait que le courant produit par de telles batteries est en quelque sorte foudroyant, et qu'il y aurait un véritable danger à fermer le circuit en touchant le pôle positif d'une main et le pôle négatif de l'autre. Cependant cette puissance foudroyante, incessamment reproduite, ne donne plus aucun signe extérieur dès qu'elle se propage dans un circuit uniquement formé par de gros fils métalliques. C'est alors, au seul moment de la fermeture et au seul de l'ouverture du circuit, qu'elle se montre avec violence. Si la fermeture est brusque, on ne voit qu'un éclair; si l'ouverture est brusque, on ne voit qu'un autre éclair ayant en général un aspect différent; mais si les deux fils ou plutôt les deux corps qui doivent compléter le circuit, sont seulement mis en présence et assez près l'un de l'autre pour que le circuit ne soit en réalité ni tout à fait ouvert, ni tout à fait fermé, alors le double phénomène devient permanent et se montre avec un éclat extraordinaire. Aucune matière ne résiste à cette conflagration incessante renouvelée, et qui se maintient aussi longtemps que dure l'action de la batterie, c'est-à-dire pendant des journées entières.

L'or, le fer et le platine, en baguettes épaisses, se fondent comme de la cire, et leurs vapeurs colorent de diverses nuances les enveloppes lumineuses qui semblent réunir les deux pôles. La silice, l'alumine et la plupart des substances les plus réfractaires, prises séparément, entrent de même en fusion et en volatilisation. Dans ce foyer où tous les corps se détruisent, il en est un cependant, et c'est peut-être le seul qui se maintient plus résistant que les autres, qui, par un ensemble de circonstances véritablement heureuses, se trouve être bon conducteur de l'électricité, condition indispensable pour l'objet dont il s'agit, se laisse façonner comme il convient, et qui, de plus, n'est ni rare ni cher.

Ce corps est le charbon tel qu'il se concrète dans les cornues à gaz, ou tel qu'il peut se préparer de toutes pièces par des procédés particuliers. On en fait des baguettes rondes ou carrées parfaitement droites, d'environ 30 centimètres de longueur sur une épaisseur variable de 5 à 10 ou 12 millimètres. Deux de ces baguettes sont adaptées, par une de leurs extrémités, à des pièces métalliques convenables, l'une terminant le fil positif de la batterie, l'autre le fil négatif. Ces fils de bon cuivre rouge, de 3 à 4 millimètres de diamètre, recouverts de soie ou de coton, peuvent avoir des centaines de mètres ou même plusieurs kilomètres de longueur, suivant la distance qui doit se trouver entre la pile et le foyer de lumière.

ou de conflagration. Le charbon positif ou le charbon
négatif sont en général disposés verticalement l'un
au-dessus de l'autre. Si leurs extrémités libres étaient
planes et mises en contact parfait, le courant introduit au moyen du commutateur ne se manifesterait
aucunement : il passerait dans le charbon, comme
dans le fil de cuivre, sans montrer au dehors aucun
signe de sa présence, le circuit serait complétement
fermé.

Mais s'il arrive qu'il y ait dans l'appareil ou régulateur qui porte les charbons un électro-aimant pourvu
d'une armature mobile convenablement disposée, le
passage du courant fera tomber l'armature, et ce
mouvement se communiquant, par exemple, au support du charbon inférieur pour le faire descendre de
2 ou 3 millimètres, le support du charbon supérieur
restant fixe, on comprend que les extrémités libres
des charbons ont cessé de se toucher, que le circuit
s'est ouvert, que l'explosion de la lumière s'est ma-
nifestée, et que le phénomène sera persistant sous la
seule condition que le circuit ne puisse ni se refer-
mer, ni s'ouvrir complétement, c'est-à-dire au-delà
des limites que le courant peut franchir.

Arrêtons-nous un instant à ce premier jeu de l'appareil, et pour présenter les autres fonctions qu'il
faudra lui attribuer, examinons avec soin les effets
qui se produisent dans les charbons.

Le charbon résiste à la fusion, mais il ne résiste
pas à une sorte de désagrégation moléculaire qui
l'use rapidement, soit qu'elle résulte de la seule action de la chaleur prodigieuse qui se produit, soit
plutôt que le courant exerce par lui-même un effort
d'arrachement et de transport sur les dernières par-

ticules matérielles. L'usure est inégale, celle du positif étant en général un peu plus que double de celle du négatif. La combustion du charbon par l'oxygène de l'air n'y entre que pour peu de chose, car on n'observe pas de différence très-marquée quand les charbons sont maintenus dans une atmosphère d'azote. On remarque en même temps que l'incandescence du positif occupe plus de longueur que celle du négatif, comme si celui-ci n'éprouvait qu'un moindre degré de chaleur. Par cette destruction, il arrive donc, après peu de minutes, que l'espace qui sépare les charbons se trouve agrandi. Il n'était d'abord que de 2 ou 3 millimètres, il est bientôt de 8 ou 10, ou même davantage, suivant la nature du charbon et la puissance du courant.

Pour mieux observer ces phénomènes, il faut projeter sur un tableau l'image des charbons avec un grossissement de huit ou dix fois. L'éclat en devient supportable, et les observateurs groupés devant cette image peuvent étudier avec facilité toute la série des accidents qui se produisent dans le foyer de lumière et de chaleur, si constant en apparence, et cependant si agité. Nous ne devons pas entrer ici dans le détail des curieuses observations que la commission a pu faire sur l'impureté des charbons, sur la coloration des flammes par les substances qu'on y introduit, sur la fusion des corps que l'on expose, non pas au contact des charbons, mais dans l'espace qui les sépare. Nous nous bornerons à dire que l'intensité de la lumière est affaiblie notablement par une espèce de champignon qui se forme de temps à autre sur la pointe du charbon négatif, par l'accumulation de parcelles qui arrivent du charbon positif comme transportées par le courant. Ces champignons disparaissent et se renouvellent par intervalles; mais il est vrai de dire qu'on ne les observe presque jamais avec certains charbons et certaines intensités de la pile. Par conséquent il y a là un choix à faire pour obtenir une lumière plus constante.

La distance qui sépare les extrémités positives et négatives des charbons ne peut pas s'accroître ainsi indéfiniment dans le régulateur; il y en a deux raisons : 1° l'intensité du courant diminue à mesure que cet intervalle s'agrandit; 2° l'affaiblissement du courant entraîne l'affaiblissement de la lumière. Il faut donc limiter l'accroissement de l'intervalle pour limiter la diminution d'éclat. C'est là l'une des fonctions importantes du régulateur et sa fonction la plus délicate. C'est là aussi que le mécanisme de M. Serrin se distingue par la plus ingénieuse idée. On devine d'avance que c'est l'électro-aimant dont nous avons déjà parlé qui doit gouverner le moteur chargé de rapprocher le charbon; mais ce rapprochement est un acte très-complexe.

1° Il faut que le centre du foyer de lumière reste à la même hauteur, et comme le charbon positif qui est en haut s'est usé plus que le négatif qui est en bas, chacun doit se déplacer en proportion de son usure, le premier en descendant, le second en montant.

2° Il faut que les charbons ne puissent pas venir au contact, puisque alors le circuit serait complétement fermé et la lumière éteinte au moins pour un instant.

3° Il faut que ce mouvement s'accomplisse à l'instant voulu, c'est-à-dire avant que le courant ait éprouvé une certaine diminution d'intensité difficile à saisir.

C'est surtout pour remplir cette dernière condition que le régulateur de M. Serrin fonctionne avec une justesse et une précision qui ne laisse rien à désirer.

L'armature de son électro-aimant peut être assimilée au plateau d'une balance chargée d'un poids fixe dont la course de haut en bas et de bas en haut est limitée à 3 ou 4 millimètres par des vis butantes, et qui, au lieu d'avoir des contre-poids de l'autre côté, se trouve soutenue par deux ressorts à boudin, dont le premier est fixe et fait à peu près équilibre à la charge, tandis que le deuxième reçoit des tensions variables par un mouvement de vis. Un tel plateau de balance se règlerait aisément pour descendre 20 ou 30 grammes à volonté par une surcharge de 10, suivant le degré de tension que l'on aurait donné au deuxième ressort. Tel est le principe dont M. Serrin a fait ici une heureuse application. Son armature est chargée de tous les supports du charbon négatif, et compose avec eux un système oscillant, verticalement et librement dans les étroites limites de 3 à 4 millimètres, les deux ressorts la retiennent soulevée, et la surcharge capable de la faire descendre est la force attractive de l'électro-aimant. Cette force diminue avec la force du courant; par conséquent elle diminue quand les charbons par trop usés laissent entre eux un trop grand intervalle, et quand la lumière commence à s'affaiblir. C'est donc ce minimum de force qu'il faut saisir pour arrêter là, du même coup, le maximum de l'écartement des charbons et le minimum de la lumière.

Le ressort à tension variable est en effet réglé sur

cette donnée. A l'instant où ce minimum arrive, le plateau de la balance remonte, c'est-à-dire que le ressort enlève l'armature, la surcharge due à la force électro-magnétique trop affaiblie étant devenue insuffisante pour la retenir.

Un exemple fera mieux comprendre encore ce balancement entre la force de l'électro-aimant et l'éclat de la lumière. L'énergie de la batterie et la nature des charbons permettent-ils un grand écartement sans que la lumière soit trop affaiblie? le ressort sera réglé à petite tension, afin que l'armature ne soit soulevée, pour opérer le rapprochement des charbons, qu'au moment où la force du courant sera fort réduite. D'autres conditions exigent-elles que l'écartement des charbons soit restreint à des limites plus étroites, la tension du ressort sera augmentée, afin que l'armature soit comme arrachée à l'électro-aimant, avant que sa force ou celle du courant aient été diminuées dans une trop grande proportion.

Le degré de tension qu'il faut donner au ressort pour avoir un effet de lumière maximum et suffisamment constant, dépend à la fois de la nature des charbons et de l'énergie de la batterie. Cette tension une fois obtenue, ce qui est l'affaire de quelques instants, il n'y a plus à s'en occuper, l'appareil devient automatique, et se gouverne lui-même jusqu'au moment où il devient nécessaire de remplacer les charbons.

Ce sont les mouvements de l'armature, si libres et si bien pondérés, qui règlent tout dans l'appareil de M. Serrin. Au commencement, quand on introduit le courant, l'armature descend par la force attractive de l'électro-aimant, et sépare les charbons comme nous l'avons dit plus haut. Ajoutons ici qu'en descendant, elle place un arrêt sur le petit volant du système d'engrenage qui est destiné à opérer le rapprochement simultané des charbons dans la proportion voulue pour le positif et le négatif. Aussitôt que l'usure des charbons a produit entre eux l'écartement-limite ou, ce qui revient au même, le minimum de l'intensité de la lumière, le minimum de la force du courant, et le minimum de la puissance attractive de l'électro-aimant, le ressort soulève l'armature, dégage le volant de son arrêt, et rend la liberté au système d'engrenages. Alors le poids qui presse sur la première roue du système met tout en mouvement, les roues tournent, les charbons se rapprochent, la force du courant augmente, l'électro-aimant devient capable de ressaisir l'armature et de la faire descendre. Au même instant tout le mouvement s'arrête, parce que l'armature en descendant vient replacer l'arrêt sur le volant qui est la dernière roue du système d'engrenages.

Ces périodes peuvent se renouveler plusieurs fois dans une minute si l'usure des charbons est rapide et le ressort très-tendu, tandis qu'elles se reproduisent quatre ou cinq fois plus lentement si les conditions de la batterie et des charbons exigent que le ressort soit plus lâche.

Ici un mot d'explication est nécessaire. Comment le charbon négatif, qui se trouve avoir 30 centimètres de longueur ou même plus quand il est neuf, peut-il remonter de 25 ou 30 centimètres pour que ses dernières sections viennent brûler à la même hauteur que les premières, tandis que nous avons dit que son support est invariablement lié à l'armature, et forme avec elle le système oscillant de haut en bas ou de bas en haut dont la course est limitée à 2 ou 3 millimètres? L'aspect seul de l'appareil répond à cette question. Le support des charbons est composé de deux tubes de métal, le premier fixe, le second mobile, celui-ci montant et descendant dans le premier à frottement très-doux, et portant lui-même le charbon. C'est donc le tube fixe du charbon négatif qui est lié à l'armature et qui oscille avec elle. Dans son mouvement d'oscillation, il entraîne toujours le tube mobile et par conséquent le charbon. Mais l'inverse n'a pas lieu. Quand le ressort de réglage a soulevé l'armature, et par là mis en liberté le système d'engrenage, le tube mobile qui porte le charbon positif, taillé en crémaillère dans une longueur suffisante, descend par son poids, entraîne la première roue et toutes les autres. Alors une petite chaîne s'enroule par un bout sur une poulie de diamètre convenable qui fait corps avec la première roue, et s'en va, par l'autre bout, au moyen d'une poulie de renvoi, faire monter de la quantité voulue le tube mobile qui porte le charbon négatif. Ce mouvement ascensionnel n'entraîne pas et ne peut pas entraîner le tube fixe qui est, ainsi que l'armature, à son point d'arrêt supérieur.

Les supports à deux tubes métalliques, l'un fixe et l'autre mobile, ne sont pas nouveaux, ils appartiennent à la plupart des régulateurs de la lumière électrique. Mais M. Serrin leur donne une fonction nouvelle, puisqu'il mobilise le tube fixe de l'un des deux supports, en l'attachant à l'armature de l'électro-aimant pour le faire monter et descendre avec elle.

Ces innovations nous paraissent d'autant plus importantes que M. Serrin, dans la construction de son régulateur, est parvenu à concilier la liberté et la précision des mouvements automatiques avec une solidité qui exclut les causes accidentelles de dérangement.

Nous avons aussi vérifié que cet appareil n'est pas moins propre à recevoir le courant induit provenant de ces puissantes batteries magnéto-électriques si habilement construites depuis quelques années, et qui sont mises en mouvement par une machine à vapeur de 3 à 4 chevaux de force. Dans ce cas, le courant est discontinu et alternativement positif et négatif. Il n'est pas besoin d'introduire une grande complication dans ces batteries pour redresser le courant, tout en lui laissant sa discontinuité qui est originelle. Mais ici le redressement est inutile, le régulateur se prête parfaitement, et à la discontinuité et au changement de sens alternatif.

Il est permis d'espérer que, dans un avenir qui n'est peut-être pas très-éloigné, la lumière électrique entrera dans le domaine des grandes applications pour y prendre une place importante. L'Académie ne peut qu'applaudir aux efforts qui sont dirigés vers un tel but et qui marquent un véritable progrès. C'est à ce titre surtout que le régulateur de M. Serrin nous paraît digne d'encouragement, et que nous proposons à l'Académie d'en admettre la description dans le *Recueil des savants étrangers.* » (Les conclusions de ce rapport sont adoptées.)

Les termes de ce rapport par une notabilité aussi éminente, émanant d'une commission où figurent les noms des plus illustres physiciens dont la France ait à si bon droit à s'enorgueillir, MM. Becquerel, Despretz, Combes, sont tels qu'il y aurait fatuité de ma part à ajouter un seul mot. Qu'il me soit permis cependant de dire que M. Serrin a fait de son appareil, si bien étudié et si complet, les applications les plus utiles. (Extrait du compte-rendu de la séance de la Société d'encouragement, 25 novembre 1870.)

Il l'a appliqué au nombre de plus de trente à l'inspection des travaux de l'ennemi pendant le siége. Le génie et la marine l'ont adopté. L'appareil de siége, en dehors de la source d'électricité, pile voltaïque ou machine magnéto-électrique, se compose de quatre choses principales :

1° Du régulateur automatique Serrin ;

2° D'un réflecteur parabolique articulé sur son propre foyer, adapté sur la colonne du régulateur, muni en avant d'un manchon cylindrique en tôle de fer et, en arrière, d'une plaque de même métal, destinés tous deux à plonger dans l'ombre les défenseurs ainsi que les opérateurs qui dirigent l'appareil et les soustraire de cette manière, à la vue de l'ennemi ;

3° D'un plateau horizontal recevant le régulateur et par conséquent le réflecteur, et pouvant pivoter sur lui-même à l'aide d'un levier solidaire ;

4° Enfin de deux gaines pour protéger les tiges frottantes du régulateur de l'oxydation produite par les agents atmosphériques.

L'appareil ainsi disposé est manœuvré dans tous les sens avec la plus grande facilité, à droite, à gauche, de haut en bas et de bas en haut. Les observations faites, on en dissimule le point lumineux en faisant effectuer à l'appareil un quart de tour sur lui-même, etc.

Je regrette de ne pouvoir signaler, faute de place, les autres applications utiles de cet appareil, et tout

ce que j'ai vu de savamment et d'ingénieusement
combiné chez M. Serrin. Mais il faudrait y consacrer
un volume entier, car j'aurais à traiter :

1° De son application à la production des signaux
lumineux ;

2° De l'éclairage des navires;

3° De l'éclairage des travaux sous-marins, soit pour
placer ou relever des torpilles, et tant d'autres applications.

*Procédé pour rendre les bouchons de liège imper-
méables aux acides et aux alcalis.*

Le liège (*quercus suber*) contient en assez grande
quantité de la subérine et de la glycérine. Ces substances étant solubles dans l'alcool, il en résulte un
grand dommage pour les fabricants de vin de Champagne, qui alcoolisent ce produit, et tous ces industriels se trouvent dans l'obligation de le faire plus ou
moins, suivant les pays auxquels ces vins sont destinés. Ces pertes ne s'élèvent pas à moins de 20 et souvent de 25 pour 100 de la quantité de bouteilles préparées par année.

Je connais une maison qui ne fait pas moins de 12
à 1,400,000 bouteilles par an, dont la perte portait sur
le chiffre énorme de 300,000, soit recouleuses, soit
chevilles.

Le chef de cette maison vint un jour me trouver,
et me montrant un faisceau de coton de mèche enveloppé d'une forte lame de caoutchouc, et formant un
volume égal à peu près aux plus gros bouchons à
champagne, me dit qu'après avoir vainement cherché
à remplacer le liège, il n'avait trouvé rien de mieux.

Cette innovation venait d'Angleterre. Sollicité par ce négociant, afin d'obvier aux défauts du liège, je m'en chargeai.

Ma première pensée fut de ne rien changer au mode de bouchage auquel les amateurs de champagne sont trop habitués. Faire sauter le bouchon à la fin d'un repas cause une trop agréable émotion pour renoncer à cet accompagnement immémorial, ou plutôt à cette tapageuse entrée en scène du précieux liquide tant apprécié de nos bons amis les Prussiens.

Je visai donc à conserver le liège, mais à le protéger contre la liqueur (mélange de sucre candi et d'alcool). Après divers essais auxquels je dus renoncer, soit par rapport à l'odeur de l'enduit ou pour d'autres causes, je m'arrêtai à une dissolution de caoutchouc (Para) bien blanc dans le chloroforme.

La dissolution se fait à froid ou à chaud. Il faut qu'elle soit assez concentrée pour qu'en y trempant un agitateur en verre, et l'agitant dans l'air pour évaporer le chloroforme, il reste sur le verre une couche appréciable de caoutchouc.

Pour se servir de cette dissolution et en enduire les bouchons, on devra se munir de deux instruments. Le premier est un vase en porcelaine ou en verre, coiffé d'un couvercle en métal au milieu duquel est pratiqué un trou de quelques millimètres plus fort en diamètre que le plus gros bouchon. Bien exactement sous le trou se trouve un ressort à boudin très-flexible, se terminant au sommet par une rondelle en cuir assez épaisse (5 à 6 millimètres) et assez large pour boucher le trou, mais de l'intérieur du vase, de telle sorte qu'en pressant sur cette rondelle, le bouchon puisse pénétrer dans le vase et se couvrir de dissolution jusqu'à la moitié de sa hauteur.

L'office du ressort à boudin et de la rondelle de cuir est d'empêcher l'évaporation du chloroforme.

Le second instrument est une planche mince en peuplier dans laquelle on enfonce des épingles jusqu'à la tête. Après en avoir couvert la planche à une distance l'une de l'autre, telle que les bouchons ne puissent se toucher, on retourne la planche, on la pose sur la table, les têtes d'épingle en dessous, et on pique les bouchons sur les tiges d'épingle qui dépassent d'environ 4 centimètres. On aura soin de piquer les bouchons du côté où ils n'ont pas été enduits.

Pour les acides concentrés, on fera bien de donner plusieurs couches. Si on expose les planches chargées de bouchons à un courant d'air, il ne faut pas plus d'une heure pour évaporer le dissolvant.

Ce procédé peut être utile, non seulement aux fabricants de liqueurs gazeuses de toute espèce, mais encore aux liquoristes et surtout aux chimistes.

FIN DU TOME SECOND.

TABLE DES MATIÈRES

CONTENUES

DANS LE TOME PREMIER.

———

CHAPITRE PREMIER.

APPAREILS PRODUCTEURS D'ÉLECTRICITÉ.

CHAPITRE II.

APPAREILS COMPOSÉS, CUVES A DÉCOMPOSITION, MOULAGES.

CHAPITRE III.

MÉTALLISATION DES MOULES, DÉPÔTS DE CUIVRE ET D'ARGENT.

CHAPITRE IV.

DORURE DES BRONZES DU COMMERCE, PLATINAGE.

CHAPITRE V.

ARGENTURE MANUFACTURIÈRE.

TOME DEUXIÈME.

CHAPITRE VI.

DORURE DES PASSEMENTIERS, PROCÉDÉ BRANDELY.

CHAPITRE VII.

PRÉCIPITATION DU FER, DU NICKEL, DE L'ÉTAIN, DE L'ALU-
MINIUM, CUIVRAGE, COUVERTURE DES MONUMENTS, COLO-
RATION DES MÉTAUX.

CHAPITRE VIII.

DORURE, ARGENTURE ET DÉCORATION DES CRISTAUX PAR VOIE ÉLECTRO-CHIMIQUE.

CHAPITRE IX.

COUVERTURE EN CUIVRE DES CARACTÈRES D'IMPRIMERIE, REPRODUCTION DES PLANCHES D'IMPRESSION, GRAVURES ÉLECTRO-CHIMIQUES, DAMASQUINURE SUR ÉMAIL, GRAINAGE.

CHAPITRE X.

DES PRODUITS ET SUBSTANCES CHIMIQUES EMPLOYÉS DANS LES TRAVAUX ÉLECTRO-MÉTALLURGIQUES.

APPENDICE.

FIN DE LA TABLE DES MATIÈRES.

BAR-SUR-SEINE. — IMP. SAILLARD.

www.ingramcontent.com/pod-product-compliance
Lightning Source LLC
Chambersburg PA
CBHW060417200326
41518CB00009B/1387